한 그릇 면

집에서 만드는
쉽고 간단한 면 요리

한 그릇 면

배현경 지음

샘터

어머니의 따뜻한 잔치국수를 추억하며
맛있는 한 그릇 면 요리를 시작합니다

어릴 때, 어머니의 심부름으로 하얗게 바짝 마른 가는 국수를 사러 시장 국수 가게에 자주 갔습니다. 국수는 언제나 빈틈도 없이 빼곡히 가지런하게 흰 종이 띠에 돌돌 말려져 아주 묵직했습니다.

국수 다발 속에서 한 가닥 한 가닥 국수를 뽑아 입에 넣으며 집으로 돌아가는 길. 어린 저는 국수 다발 속에 빈틈이 생겨 행여나 국수가 와르르 쏟아질까 봐 국수 다발을 품에 안아야 했습니다. 살짝 짠맛이 도는 국수는 얼마나 잘 말랐는지 입안에서 오도독 오도독 소리가 날 정도였지요. 그렇게 시장에서 사온 국수를 어머니는 손 빠르게 끓는 물에 삶아 찬물에 헹구시고 소쿠리에 담아 물기를 쪽 빼셨습니다. 삶은 국수가 큰 대접에 한 가득 담겨지고 멸치 육수까지 부어지면 마음에서는 저걸 언제 다 먹나 싶었지만, 입술로 매끈하게 빨려 들어간 어머니의 잔치국수는 씹을 새도 없이 목으로 술술 넘어갔습니다.

어쩌다 한 번씩은 어머니가 국수를 만드신다고 손 반죽을 하셨어요. 밀가루에 물을 부어 치대시며 열심히 반죽을 하셨습니다. 그러시면서 밀가루를 조금 더 넣었다 또 물을 부었다 그렇게 몇 번을 반복하시더라고요. 그런 어머니의 모습이 어린 제 눈에는 마치 반죽에게 물어보고 의논하는 대화처럼 보이곤 했습니다. 어머니의 밀가루 반죽을 구경하는 건, 언제나 신기했고 즐거웠습니다.

이렇게 만든 국수는 간단한 멸치 육수에 호박볶음 한 가지 얹어 단출하기는 했지만 그렇게 맛있을 수가 없었어요. 쌀쌀해진 날씨나 비 오는 날엔 최고의 별미였습니다. 맛있는 김치 반찬 하나만 있어도 국물까지 한 그릇을 뚝딱 비우곤 했습니다.

특히 밥맛이 없을 때는 이것 만한 것이 없다고 국수를 즐겨 드시던 부모님을 닮아 저도 국수를 참 좋아했습니다. 생일에는 또 어떻고요. 어릴 적에는 노란 달걀 지단과 실고추를 얹은 잔치국수를 생일날 꼭 만들어주셨고, 어른이 된 다음에는 생일에 꼭 국수를 챙겨 먹으라는 당부를 잊지 않으셨습니다.

먹을 것이 참 많아진 요즈음에도 일주일에 두세 번은 꼭 국수 요리를 합니다. 면의 양은 좀 줄이는 대신 해물과 채소를 듬뿍 올리기도 하고, 날씨와 기분에 따라 면의 종류를 달리해가며 여러 가지 면 요리를 만들어봅니다.

책에 소개하는 레시피는 쉽고 간단합니다. 국수뿐만 아니라 우동, 라면, 파스타 만드는 방법도 소개합니다. 한 그릇 면에 담긴 맛과 영양, 그리고 정성과 사랑까지 모두 경험하셨으면 좋겠습니다.

예쁜밥 배현경

Part 1
국물과 함께 준비하는
따뜻한 국수

Part 2
달콤하고 매콤하게
비벼 먹는 국수

Part 3
색다른 맛을 즐기고 싶을 때
우동과 쌀국수

Part 4
시원하고 상큼한
냉국수와 볶음국수

Part 6
특별한 날에는
파스타

Part 5
맛과 영양을 더한
인스턴트 라면

한 그릇 면 준비하기

주부들에게는 하루 세 끼의 식사 준비가 부담감으로 다가올 때가 있습니다. 점심 한 끼 정도는 밥이 아닌 간편식 또는 한 그릇으로 간단하게 해결하고 싶지요. 이런 경우 이것 만한 것이 없다고 생각하는 것이 국수입니다.

밥 짓는 것보다 쉬운 인스턴트 라면을 비롯해서 일정한 규칙으로 건면을 대량 생산하던 국내 전문 제조사들의 제품이 다양해졌고 질이 놀랍게 향상되었습니다. 폭 넓게 재료를 선택해서 자신들만의 노하우로 생면을 만드는 개인이나 제조사가 최근에는 점점 늘어나고 있으며, 그 맛과 영양이 참 훌륭합니다. 그리고 이제는 마트에서 세계 각국의 국수들도 손쉽게 구입할 수 있어 레스토랑이 아닌 일반 가정의 식탁에서도 세계의 맛을 다양하게 즐길 수가 있습니다.

또한, 1인 가족이 늘어나면서 한 그릇 국수를 만드는 사람들이 점점 많아지고 있습니다. 그래서 건면이나 생면의 소포장 제품이 많이 출시되고 있습니다. 건면은 보관 조건이 올바르면 상온에서의 보존 기간이 길어 경제적이고, 조리의 간편성과 보관이 용이하기 때문에 이 책에서는 건면을 많이 사용했습니다. 생면은 따로 구분해 표기했습니다.

국수의 종류

국수의 종류도 많고 분류의 기준도 여러 가지지만, 크게 건면과 생면으로 나누어 설명할게요. 보관과 신선도 등에서 각각 장점과 단점을 지니고 있지만, 가장 중요한 것은 역시 만드는 이의 정성이라고 할 수 있어요.

건면

제품 개봉 전: 직사일광을 피하고, 바람이 잘 통하는 곳, 그늘진 곳에서 보관한다면 설명서의 소비기간 내에는 전혀 문제가 없습니다. 제품 개봉 후 보관을 잘못하면 벌레도 생기고 습기에 곰팡이가 생기기 때문에 비닐 랩에 싸고 지퍼백이나 밀폐용기에 담아 냉장이나 냉동을 합니다.

생면

1인분씩 비닐 랩에 싸서 지퍼백이나 밀폐용기에 담아 냉장 보관이 가능하지만, 온도 변화로 물방울이 생기면 면 표면이 붇기 때문에 주의해야 합니다. 냉동도 -18도 이하에서 가능하지만 면이 부러지기가 쉬워 냉동 후 조리할 때는 해동하지 않고 냉동인 상태에서 끓는 물에 삶도록 합니다.

국수 보관 방법

밀가루로 만든 제품은 냄새가 배기 쉽고 벌레와 곰팡이가 생기기도 쉬워요. 국수를 맛있고 건강하게 먹기 위해서는 보관 방법을 잘 알고 지켜야 합니다. 소포장 국수를 구입해 남기는 것을 최소로 하는 것도 좋습니다.

먼저 제품 설명서를 참고하세요. 구입하시면 가능한 빨리 드시도록 하고, 보관 중에 국수에 이런 점이 발견되면 절대 먹어서는 안됩니다.

- 색이 검게 변한 부분이 있다.
- 알코올 냄새나 신내가 난다.
- 면이 끈적 끈적하다.
- 쉽게 부러진다.
- 곰팡이가 보인다.

어떤 면이든 맛있게 먹기 위해서는 냉장이나 냉동을 적극 권하고 싶지는 않습니다. 보존은 가능하나 맛과 풍미가 떨어지기 때문에 구입 후에는 빨리 만들어 드시는 편이 좋아요.

국수 삶기

모든 국수 요리에 있어서 가장 중요한 것은 물과 면의 이상적인 상태를 유지하면서
삶는 방법과 시간입니다. 제조사가 오랜 연구 끝에 만든 제품이므로 먼저 제품의
설명서를 참고하고, 여러분이 요리하고자 하는 국수의 조리법에 따라 약간의 시간
을 조절해보세요. 많이 만들어 보고 쌓은 경험으로 자신과 가족의 기호에 가장 맞
게 만드는 것이 삶는 방법과 시간의 정답이라고 할 수 있어요.

• 건면: 소면, 중면, 칼국수 　충분한 크기의 냄비와 물의 양(면 양이 100g이면 물은 최소 5컵 이상)을
넉넉히 준비합니다. 끓는 물에 면을 펼쳐서 넣고 면이 서로 붙지 않게
젓가락으로 저어가며 삶아요. 도중에 찬물을 1/2컵 정도 부어주면 면
에 자극을 주어 식감을 더욱더 쫄깃하게 하고 끓어 넘치는 것도 방지
합니다. 제품 설명서의 시간을 참고하며 삶다가 국수를 한 가닥을 건져
맛을 보고 기호에 맞게 시간을 조절합니다. 삶아진 면은 체에 쏟아 붓
고 흐르는 물에서 손으로 비벼가며 전분기가 없어질 때까지 헹구고 체
에 받쳐 손으로 압력을 가해 눌러 물기를 빨리 완전히 제거해주세요.
물기가 남아 있으면 식감도 안 좋고 면이 수분을 흡수해서 면이 빨리
불어버립니다.

• 생면: 칼국수 　면을 펼치고 여분의 가루를 털어내고 끓는 물에 넣어 삶는데 다음 과
정은 건면과 같습니다. 건면과 생면을 한 번 삶아서 사용하는 경우와
삶지 않고 그냥 육수에 처음부터 넣어 끓이기도 하는데, 삶지 않고 그
냥 처음부터 넣어 끓일 때는 육수의 양을 조금 더 넉넉하게 사용합니
다. 한 번 국수를 삶아 조리한 국수는 깔끔한 맛을 내고, 삶지 않고 처

음부터 육수에 면을 넣어 만든 국수는 걸쭉하게 더 진한맛을 느낄 수 있어요. 이것도 개인의 기호에 맞게 또는 면의 상태에 맞춰 만들고자 하는 국수에 따라 정하는 것이 바람직합니다.

- 숙면: 우동

끓는 물에 면을 넣고 센 불에서 면이 풀어질 정도로 잠깐 삶고 건져냅니다. 찬 국수를 만들 때는 찬물에 헹구고 체에 받쳐 물기를 빼고, 따뜻한 국수를 만들 때는 삶아 건져 그대로 체에 받쳐 물기를 빼서 조리하거나, 처음부터 끓는 국물에 넣고 조리하기도 합니다.

- 쌀국수

만들고자 하는 국수에 적합한 제품을 구입해 제품 설명서를 참고해 요리합니다.

- 인스턴트 라면

바쁜 생활 속에서 간편하게 간단한 한 끼 또는 간단한 간식이나 야식으로 라면 만한 것은 없다고 생각해요. 누구나 제일 처음 도전했던 요리가 라면이기도 하고, 친구나 가족과 함께 나누어 먹었던 추억의 음식인 데다가, 최근에는 다양한 종류의 라면들이 나와 고르는 재미도 있지요. 한창 성장기의 아이들을 위해서는 조리를 소홀히 하지 말고 채소, 해산물, 육류 등을 더해 맛과 영양을 더해보도록 하세요. 만드는 법은 제품의 설명서를 참고하고 기름에 튀긴 면은 한 번 살짝 끓는 물에 데쳐서 사용하거나 분말 스프의 염분기가 걱정일 때는 양을 조금 줄여서 사용해도 좋습니다. 그래도 지나치게 자주 먹는 것, 늦은 밤에 먹는 것은 주의하세요.

- 파스타

파스타를 삶을 때는 1인분의 양이라도 넉넉한 크기의 냄비와 충분한 양의 물을 준비합니다. 끓는 물에 넣는 소금을 조금 넣으면 면에 탄력을 더하고 좋은 맛을 끌어내는 효과도 있습니다. 끓는 물에 넣는 소금의 양은 물 분량의 1%지만 소스 재료의 염분기에 따라 조절합니다. 다양한 파스타의 삶는 시간과 방법은 제품 설명서를 참고로 하며 마지막 1분 전에 면을 한 가닥 먹어보고 다음 조리 과정에서 소스와 버무리며 가열하는 시간을 생각하면 약간 단단하게 삶아 건지는 것이 좋아요. 면을 건져 소스에 넣고 확실하게 면에 소스가 배여 깊은 맛이 느껴지도록 조리하는 것이 중요합니다. 그러기 위해서는 수분이 필요하기 때문에 삶은 면을 건져 물기를 완전히 제거하지 않고 그대로 넣거나 면수를 덜어 두었다 사용합니다. 소스의 완성과 면이 삶아진 시간이 거의 같게 소스가 완성되는 시간을 염두에 두고 조리를 시작하기 바랍니다.

육수 내기

국수를 만드는 데 빠질 수 없는 것이 육수입니다. 최근에는 시판용 육수의 사용이 늘어가는데 이보다는 염분과 칼로리를 줄여 간단하게 천연의 재료로 만든 육수를 사용하시기를 권합니다. 건강을 지키고 가정에서의 국수 품격도 높여보시기 바랍니다.

이 책에 소개한 면 요리는 소박하고 천연의 맛인 멸치 다시마 육수와 다시마 육수를 주로 사용해 만들었습니다. 재료 구입이 쉽고 가장 손쉽고 간편하게 소량을 만들기에 적합하고 맛도 깔끔하고 담백합니다. 국수에 곁들이는 고명이나 함께 들어가는 채소, 육류, 해산물 등의 부재료와 잘 어울리며, 그 재료들의 영양소가 녹아 있는 국물까지 다 마신다면 영양 섭취에도 좋습니다. 멸치 다시마 육수와 다시마 육수를 만들 때는 기호에 맞게 냉장고에 있는 자투리 채소 대파, 양파, 버섯기둥, 무 등을 함께 넣고 우려내면 더 맛있어질 뿐만 아니라 영양도 더할 수 있습니다.

멸치 다시마 육수

- 국물용 멸치 10g
  (머리 내장 제거한 양)
- 다시마 5g
- 물 5컵

1. 멸치는 머리와 내장을 제거한 후, 비린내를 없애기 위해 먼저 약한 중불에서 빈 팬에 바짝 볶는다. 다시마는 겉면을 마른 키친타월로 닦는다.
2. 냄비에 1과 물을 담고 그대로 30분 정도 두었다 강한 중불에 올려 끓어오르면 거품을 걷어가며 다시마는 건져내고 약불에서 10분간 끓인다. 체에 걸러 육수만 사용한다.

*육수용 멸치 보관 방법

빈 팬에 볶거나 150도에서 예열한 오븐의 철판에 반으로 갈라 머리 내장 제거하고 다듬은 멸치를 펼쳐서 15분 정도 구워요. 식힌 다음에 지퍼백이나 밀폐용기에 담아 냉동실에서 1개월 보존 가능합니다.

다시마 육수

- 다시마 10g
- 물 5컵

1. 다시마는 겉면을 마른 키친타월로 닦고 냄비에 물과 함께 담아 그대로 20분 둔다.
2. 1을 중불에 올려 끓기 시작하면 불을 끄고 다시마는 건져내고 식힌다.

고명과 마무리

이제 집에서 만드는 국수 한 그릇도 건강과 미용을 생각해 준비해보세요. 양념장이나 고명의 양도 줄여 조금 얹어보고 면의 양을 조금 줄여보는 것을 권합니다. 무조건 많이 삶아내지 않는 습관이 필요합니다.

다양한 부재료를 사용해서 반찬 한 가지가 면 위에 올라가 있는 볼륨감 있는 영양식이 되었으면 합니다. 영양을 생각한 고명과 토핑, 새롭고 다양한 소스로 식욕을 자극해보면 좋겠습니다. 채소와 육류, 채소와 해산물이 균형과 조화를 이루고 영양가 있는 자극적이지 않은 육수로 완벽한 한 그릇의 면 요리를 시도해보세요.

경사스러운 날에 빠지지 않았을 뿐만 아니라 식욕이 없을 때 식감과 목넘김이 좋고 먹기가 간편해서 자주 찾게 되는 우리네 국수는 여러 가지 요리에 활용이 가능합니다. 다양한 부재료와 자신만의 색을 입혀 무궁무진한 면 레시피를 만들어 즐겨보세요. 우리네 들기름과 참기름으로 마무리해주는 것도 참 좋습니다.

계량법

이 책에서는 계량컵, 계량스푼, 그램으로 표기합니다. 적은 양의 가루나 액체는 계량스푼을, 액제 종류는 주로 계량컵을 사용해 계량합니다.

- 1컵 200ml
- 큰술 15ml, 작은술 5ml

모든 재료의 계량은 계량컵과 계량스푼에 가득 담아 윗면을 평평하게 깎은 양입니다.

- 조금, 적당량

재료의 양이 요리에 미치는 영향이 크지 않거나 각자의 기호와 건강 상태에 따라 맞추어 요령껏 가감합니다. 특히 소금은 요리에 있어서 물과 함께 가장 중요합니다. 소금은 각자의 기호보다 건강 상태에 맞추어 가감하는 것이 중요합니다.

Part

1

___

국물과 함께 준비하는
따뜻한 국수

감자 칼국수

ingredients

칼국수 70g
멸치 다시마 육수 3컵
감자 1/2개
조선간장 1/2큰술
다진 마늘 1작은술

고명

표고버섯 1개
애호박 1/5개
당근 조금
식용유 1/2큰술
소금, 후추 조금

recipe

1   표고버섯은 기둥을 자르고 애호박, 당근과 함께 보통 굵기로 채를 썬다. 감자는 껍질을 벗기고 강판에 간다.

2   면은 끓는 물에 5분 정도 삶아 찬물에 2~3번 헹구고 체에 받쳐 물기를 뺀다.

3   팬에 식용유를 두르고 당근, 표고버섯, 애호박에 소금, 후추를 뿌려 볶는다.

4   멸치 다시마 육수에 간 감자를 넣고 끓이다 2를 넣고 조선간장, 다진 마늘을 넣는다.

5   걸쭉하게 끓여진 칼국수를 그릇에 담고 3을 올린다.

tip
멸치 다시마 육수 만드는 법은 p019를 참고한다.

002

부추 달걀 칼국수

ingredients

칼국수 70g

멸치 다시마 육수 3컵

조선간장 2작은술

다진 마늘 1작은술

소금 조금

달걀 1개

영양부추 조금

부추꽃 조금

recipe

1 달걀은 잘 풀어두고 영양부추는 반을 자른다.

2 멸치 다시마 육수가 끓기 시작하면 면을 넣고 서로 붙지 않게 저어가며 불을 조금 줄여서 끓인다.

3 2에 조선간장을 넣고 다진 마늘도 넣어 끓이다가 맛을 보고 싱거우면 소금으로 간을 한다.

4 면이 충분히 익으면 1을 넣어 살짝 끓이고 불을 끄고 그릇에 담는다. 부추꽃을 조금 얹는다.

tip

멸치 다시마 육수 만드는 법은 p019를 참고한다.

달걀과 부추는 오래 끓이면 단단해지고 질겨지므로 살짝 익혀 불을 끄고 예열로 부드럽게 익힌다.

쑥국수

ingredients

중력분 100g
쑥 50g
물 3큰술
소금 1/3작은술

국물

물 2+1/2컵
바지락 10개
청주 1/2큰술
된장 1큰술
다진 마늘 1/2작은술

recipe

1   바지락은 해감하고 깨끗이 씻어 물기를 뺀다.

2   블렌더에 쑥, 물, 소금을 넣고 갈아 중력분에 붓고 잘 섞은 다음 5분간 손으로 치대어 반죽한다. 반죽은 냉장고에 1시간 넣어둔다.

3   2에 밀가루를 조금씩 고루 뿌려가며 밀대로 밀어 2mm 두께의 동그란 모양으로 펴고 세 번 접어 1cm 넓이로 썬 다음 잘 풀어 면을 만든다.

4   3의 밀가루를 털어내고 끓는 물에서 1분 정도 삶고 찬물에 헹궈 체에 받쳐 물기를 뺀다.

5   국물 재료의 물을 끓여 청주와 바지락을 넣고 삶아 바지락 입이 벌어지면 건져서 따로 둔다. 된장을 풀고 4를 넣고 끓이면서 다진 마늘 넣는다. 면이 거의 다 익으면 따로 건져두었던 바지락도 넣고 한소끔 끓여 그릇에 담는다.

tip
바지락 손질법

바지락 400g, 물 2+1/2컵, 소금 1작은술
물에 소금을 넣고 녹인 다음 바지락을 담가 어둡고 조용한 곳에서 3~4시간 둔다. 해감 후에 바지락과 바지락을 서로 비벼가며 씻어 여러 번 헹구고 체에 받쳐 물기를 뺀다.

004

두부찌개 칼국수

ingredients

칼국수 60g
얇게 썬 국거리용 소고기
80g
식용유 조금
두부 150g
바지락 7개
느타리버섯 작은 한 줌
물 2+1/2컵
쪽파 조금

양념장

조선간장 1/2큰술
청주 1큰술
다진 마늘 1큰술
새우젓 1작은술
고춧가루 1+1/2큰술

recipe

_1_ 바지락은 해감을 하고 깨끗이 씻어 물기를 뺀다. 소고기는 키친타월로 핏물을 제거하고 두부는 한입 크기로 자르고 느타리버섯은 적당한 크기로 찢는다. 양념장은 분량의 재료를 잘 섞어 만든다.

_2_ 면은 끓는 물에 5분 정도 삶아 찬물에 헹구고 체에 받쳐 물기를 뺀다.

_3_ 뚝배기에 식용유를 조금 두르고 소고기를 볶다가 핏물이 안 보일 정도로 익으면 물을 붓는다.

_4_ 3이 끓어오르면 두부, 바지락, 느타리버섯을 넣고 끓이면서 2와 양념장을 넣고 한소끔 끓이다가 마지막에 쪽파를 잘게 썰어 넣는다.

005

팥 칼국수

ingredients

칼국수 50g
팥 3/4컵
물 10컵
소금 1/2작은술
설탕 적당량
잣, 곶감 조금

단팥

삶은 팥 1/2컵
볶은 콩가루 1큰술
꿀 2작은술
소금 한 꼬집

recipe

1   팥은 씻어서 충분히 잠길 정도의 물(분량 외)을 붓고 5분 정도 끓여 물만 따라 버린다.

2   1의 팥에 물을 붓고 센 불에 올려 끓기 시작하면 약불로 줄여 뚜껑을 덮고 1시간 동안 삶는다.

3   2에서 팥만 1/2컵 따로 덜어내어 물기를 제거하고 으깨서 소금, 볶은 콩가루, 꿀을 넣고 잘 섞어 단팥을 만들어둔다. 나머지 팥과 국물은 믹서에 곱게 간다.

4   면은 끓는 물에 5분 정도 삶아 찬물에 헹구고 체에 받쳐 물기를 뺀다.

5   3의 믹서에 간 팥 국물을 냄비에 담아 불에 올려 끓어오르면 4를 넣고 끓이면서 소금으로 간을 하고 설탕은 기호에 맞게 적당량 넣어 한소끔 끓인다.

6   5를 그릇에 담고 3의 단팥을 얹고 잣과 곶감을 잘게 썰어 고명으로 올려 완성한다.

단팥 녹차국수

ingredients

녹차국수 조금
단팥 적당량
잣 조금
흑설탕 조금

recipe

1 녹차국수를 끓는 물에 삶아 찬물에 헹구고 체에 받쳐 물기를 뺀다.

2 1을 그릇에 담고 단팥을 곁들인다. 잣을 다져 뿌리고 흑설탕도 조금 뿌린다.

tip

단팥은 팥 칼국수 레시피를, 녹차국수 끓이는 법은 제품 설명서를 참고한다.

006

청경채 들깨 칼국수

ingredients

칼국수 80g
청경채 1줄기
식용유 1큰술
다진 돼지고기 50g
고춧가루 1큰술
다진 마늘 1작은술
다진 생강 1작은술
잘게 썬 쪽파 2큰술
실고추 조금

국물

멸치 다시마 육수 2컵
된장 1작은술
조선간장 1/2큰술
들깨가루 2큰술
깻가루 1큰술

recipe

_1_ 청경채는 밑동을 4등분해서 길이로 썬다.

_2_ 면은 끓는 물에 5분간 삶는다. 마지막에 청경채도 함께 넣어 살짝 데쳐 찬물에 헹구고 체에 받쳐 물기를 뺀다.

_3_ 냄비에 식용유를 두르고 돼지고기를 볶으면서 고춧가루와 마늘, 생강, 쪽파를 넣고 바짝 볶는다.

_4_ 3에 멸치 다시마 육수를 부어 끓이면서 된장 풀고 면과 청경채를 넣고 조선간장으로 간한다.

_5_ 4에 들깨가루와 깻가루를 넣고 한소끔 끓여 그릇에 담고 실고추를 올린다.

tip
멸치 다시마 육수 만드는 법은 p019를 참고한다.

007

채소 된장 칼국수

ingredients

칼국수 80g

멸치 다시마 육수 2+1/2컵

유부 2장

단호박, 무, 당근, 표고버섯,

애호박, 대파 각각 조금씩

된장 1+1/2큰술

다진 마늘 1작은술

조선간장 조금

recipe

1 면은 끓는 물에 5분 정도 삶아 찬물에 헹구고 체에 받쳐 물기를 뺀다.

2 유부는 끓는 물을 한 번 끼얹어 기름기를 제거하고 4등분으로 자른다. 각종 채소는 먹기 좋은 한 입 크기로 썬다.

3 멸치 다시마 육수에 먼저 무를 넣고 잠깐 끓이다가 된장을 풀고 나머지 채소는 단단한 순서대로 넣고 거의 익어가면 1을 넣는다.

4 끓이면서 맛을 보고 싱거우면 조선간장 조금 추가하고 다진 마늘을 넣고 면이 충분히 부드럽게 익으면 불을 끄고 그릇에 담는다.

tip

멸치 다시마 육수 만드는 법은 p019를 참고한다.

국수호박 콩국수

ingredients

삶은 국수호박 150g
멸치 다시마 육수 2컵
된장 1큰술
간 메주콩 2큰술
잣 조금

recipe

_1_ 삶은 국수호박은 체에 받쳐 물기를 뺀다. 메주콩은 미리 6시간 정도 물에 불리고 껍질을 벗겨 믹서에 가는데 갈기 쉽게 물을 조금 붓고 입자가 조금 씹히는 정도로 간다.

_2_ 멸치 다시마 육수가 끓으면 된장을 풀고 간 콩을 넣고 끓이다가 콩이 다 익으면 국수호박을 넣고 한소끔 끓여 그릇에 담고 잣을 고명으로 올린다.

tip

국수호박 면발 뽑는 법

1. 국수호박은 가로로 반을 잘라 속씨를 파낸다.
2. 1을 냄비에 담고 물은 국수호박이 반쯤 잠길 정도로 부어 뚜껑을 덮고 15분 정도 삶는다.
3. 2를 찬물에 담가 손으로 주물러주면 자연스럽게 국수호박 면이 만들어진다.

009

김치 청국장 국수

ingredients

칼국수(생면) 150g

멸치 다시마 육수 3+1/2컵

배추김치 100g

김칫국물 3큰술

청국장 80g

다진 마늘 1작은술

조선간장 조금

쪽파 조금

recipe

_1_ 면은 잘 풀어 여분의 가루를 털어낸다. 배추김치는 속을 털어
내고 한 입 크기로 썬다.

_2_ 멸치 다시마 육수에 배추김치와 김칫국물을 넣고 끓이면서
면을 넣는다.

_3_ 2의 면이 끓어오르면 불을 조금 줄이고 푹 끓이면서 다진 마
늘 넣고 끓이다가 맛을 보고 싱거우면 조선간장으로 간을 맞
춘다.

_4_ 3의 면이 거의 익어가면 청국장을 넣어 한소끔 끓이고 쪽파
잘게 썰어 넣는다.

tip
멸치 다시마 육수 만드는 법은 p019를 참고한다.

재첩 된장 칼국수

ingredients

칼국수 80g
멸치 다시마 육수 4컵
된장 1큰술
냉동 자숙 재첩살 1/2컵
다진 마늘 1작은술
쪽파 3큰술

recipe

1 멸치 다시마 육수가 끓으면 된장을 풀고 면을 넣어 5분 정도 끓인다.

2 1에 미리 해동해두었던 재첩을 넣고 다진 마늘을 넣어 한소끔 끓인다.

3 2에 쪽파를 잘게 썰어 넣고 불을 끈다.

tip

재첩살 냉동하는 법

1. 재첩은 여러 번 물에 꼼꼼하게 씻어서 소금을 조금 넣은 물에 해감을 한다.

2. 해감 후에 물에 헹구고 끓는 물에 삶는다. 삶으면서 주걱을 한쪽 방향으로 계속 저어주면 재첩 살이 껍질에서 분리되어 물에 뜬다.

3. 곧바로 국물과 재첩살을 요리에 사용해도 좋고 재첩살을 건져 용기에 담아 냉동해두고 필요할 때 사용한다.

*시판용 자숙 냉동 재첩살을 사용해도 좋다.

011

두부 들깨 칼국수

ingredients

칼국수 60g
두부 150g(참기름 1큰술)
멸치 다시마 육수 3+1/2컵
표고버섯 2개
당근 조금
들깨가루 5큰술
소금 조금
다진 마늘 1작은술
쪽파 조금

recipe

1 두부는 키친타월에 싸서 물기를 제거하고 한 입 크기로 자른다. 표고버섯은 기둥을 자르고 가늘게 썬다. 당근은 가늘게 채를 썰고 쪽파는 짤막하게 자른다.

2 냄비에 참기름을 두르고 두부를 전체적으로 기름기가 돌게 볶는다.

3 2에 멸치 다시마 육수를 붓고 끓어오르면 면을 넣고 끓이면서 표고버섯과 당근을 넣고 다진 마늘도 넣는다.

4 3의 면이 거의 익어가면 들깨가루를 넣고 끓이면서 맛을 보고 소금으로 간을 맞춘다.

5 4에 쪽파를 넣고 살짝 끓여 그릇에 담는다.

tip
멸치 다시마 육수 만드는 법은 p019를 참고한다.

012

잔치국수

ingredients

소면 80g
멸치 다시마 육수 2+1/2컵
조선간장 1작은술
다진 마늘 1작은술
참기름 1작은술
통깨 조금
실고추 조금
고추 간장 양념장 적당량

고명

달걀 2개
(소금, 식용유 조금)
표고버섯 1개
당근, 애호박, 양파 조금
식용유 1큰술
소금, 후추 조금

recipe

1 면은 끓는 물에 삶아 찬물에 헹구고 체에 받쳐 물기를 뺀다.

2 멸치 다시마 육수가 끓으면 조선간장, 다진 마늘을 넣고 한소끔 끓인다.

3 달걀은 소금을 조금 넣고 잘 풀어 팬에 식용유를 두르고 지단을 부쳐 가늘게 채 썬다.

4 표고버섯, 당근, 애호박, 양파는 가늘게 채 썰어 팬에 식용유를 두르고 소금, 후추를 뿌려 볶는다.

5 3과 4를 함께 섞고 참기름, 통깨를 뿌려 잘 버무린다.

6 1을 그릇에 담고 2를 부어 그 위에 5와 실고추를 얹고 고추 간장 양념장을 적당량 곁들인다.

tip
멸치 다시마 육수 만드는 법은 p019를, 고추 간장 양념장 만드는 법은 p113을 참고한다.

013

숙주 부추 국수

ingredients

소면 80g

부추, 숙주 각각 작은 한 줌씩

멸치 다시마 육수 2+1/2컵

소금 한 꼬집

다진 마늘 1작은술

참기름 조금

고추 간장 양념장 적당량

recipe

1 면은 끓는 물에 삶아 찬물에 헹구고 체에 받쳐 물기를 뺀다.

2 숙주는 머리와 꼬리를 자르고 부추는 숙주와 같은 길이로 썬다.

3 멸치 다시마 육수가 끓으면 2를 넣고 소금, 다진 마늘을 넣고 끓이다 숙주와 부추가 숨이 죽으면 후추와 참기름 넣고 불을 끈다.

4 그릇에 1을 담고 3을 부어 고추 간장 양념장을 적당량 곁들인다.

tip

멸치 다시마 육수 만드는 법은 p019를, 고추 간장 양념장 만드는 법은 p113을 참고한다.

시금치 양파 국수

ingredients

소면 80g

시금치 60g(소금 조금)

양파 1/4개

멸치 다시마 육수 2+1/2컵

소금, 후추 조금

다진 마늘 1작은술

recipe

1 면은 끓는 물에 삶아 찬물에 헹구고 체에 받쳐 물기를 뺀다.

2 시금치는 끓는 물에 소금을 조금 넣고 살짝 데쳐 찬물에 헹구고 물기 짜서 먹기 좋은 길이로 자른다. 양파는 보통 굵기로 채를 썬다.

3 멸치 다시마 육수가 끓으면 양파를 넣고 소금과 다진 마늘을 넣어 끓이다 마지막에 시금치를 넣고 살짝 끓인다.

4 그릇에 면을 담고 3을 붓고 후추를 뿌린다.

tip

시금치 양파 국수는 간을 심심하게 해서 고추 간장 양념장을 곁들여 먹어도 좋다.
고추 간장 양념장 만드는 법은 p113을 참고한다.

015

소고기 파 국수

ingredients

소면 80g
소고기 불고깃감 100g
대파 1/3대
참기름 1큰술
다시마 육수 3컵
조선간장 1작은술
소금, 후추 조금
다진 마늘 1작은술

recipe

1 면은 끓는 물에 삶아 찬물에 헹구고 체에 받쳐 물기를 뺀다.

2 소고기는 키친타월로 핏물을 제거하고 한 입 크기로 썬다. 대파는 길게 잘라 가늘게 채를 썬다.

3 약불에서 참기름을 두르고 대파를 충분히 볶다가 숨이 죽으면소고기도 넣고 볶는다.

4 소고기 핏물이 안 보일 정도로 볶아지면 다시마 육수를 붓고 조선간장을 넣어 끓이면서 맛을 보고 소금으로 간을 맞춘다.

5 4에 다진 마늘을 넣고 한소끔 끓인다.

6 그릇에 면을 담고 5를 붓고 후추를 뿌린다.

tip

소고기 파 국수도 심심하게 간 맞추어 만들고 고추 간장 양념장을 곁들여 먹어도 좋다.
다시마 육수 만드는 법은 p019를, 고추 간장 양념장 만드는 법은 p113을 참고한다.

016

완두콩 국수

ingredients

소면 80g

삶은 완두콩 1/2컵

양파 1/4개

멸치 다시마 육수 2컵

식용유 1작은술

조선간장 1작은술

소금 조금

다진 마늘 1작은술

달걀 1개

recipe

1   면은 끓는 물에 삶아 찬물에 헹구고 체에 받쳐 물기를 뺀다.

2   양파를 보통 굵기로 채 썰어 냄비에 식용유를 두르고 숨이 죽을 정도로 볶다가 멸치 다시마 육수를 부어 끓인다.

3   2에 조선간장을 넣고 삶은 완두콩, 다진 마늘을 넣어 끓이다 완두콩이 푹 익으면 맛을 보고 소금으로 간을 맞춘다.

4   달걀을 잘 풀어 3에 고루 붓고 금방 불을 꺼서 예열로 달걀을 부드럽게 익힌다.

5   그릇에 면을 담고 4를 붓는다.

tip

완두콩 보관하는 법

완두콩은 끓는 물에 소금을 조금 넣고 5분 정도 삶아 찬물에 헹구고 물기를 제거한다. 완두콩이 제철일 때 넉넉히 사두었다 전처리를 해서 냉동해두고 여러 가지 요리에 사용한다.

017

닭고기볼 국수

ingredients

소면 70g
멸치 다시마 육수 2+1/2컵
조선간장 1큰술
다진 마늘 1작은술
양배추 한 줌
쑥갓, 쪽파, 후추 조금

닭고기볼

닭고기 100g
두부 100g
표고버섯 1개
당근 조금
달걀 흰자 1큰술
다진 생강 1작은술
소금 1/3작은술
전분가루 1작은술

recipe

1   면은 끓는 물에 삶아 찬물에 헹구고 체에 받쳐 물기를 뺀다.

2   닭고기는 다지고 표고버섯은 기둥을 자르고 잘게 썰고 당근은 껍질을 벗기고 잘게 썬다. 두부는 키친타월에 싸서 꼭 짜 물기를 완전히 제거한 다음 으깬다.

3   2에 닭고기볼 나머지 분량의 모든 재료를 넣고 잘 섞은 다음 조금씩 떼어 동그랗게 빚는다.

4   양배추와 쑥갓은 한 입 크기로 자른다.

5   멸치 다시마 육수가 끓으면 3을 넣고 속까지 잘 익도록 약불에서 끓이다가 양배추를 넣고 조선간장, 다진 마늘을 넣고 끓인다.

6   그릇에 1과 5를 담고 쑥갓과 잘게 썬 쪽파를 얹고 후추를 뿌린다.

tip
멸치 다시마 육수 만드는 법은 p019를 참고한다.

018

참치볼 국수

ingredients

소면 70g
멸치 다시마 육수 2+1/2컵
조선간장 1작은술
대파 파란 부분 조금

참치볼

참치 통조림(기름 제거한 양)
80g
소금 1/3작은술
잘게 썬 대파 흰 부분 1/2컵
다진 마늘 1/2작은술
전분가루 1+1/2큰술
참기름 1/2작은술
후추 조금

recipe

1 면은 끓는 물에 삶아 찬물에 헹구고 체에 받쳐 물기를 뺀다.

2 참치볼은 분량의 모든 재료를 잘 섞은 다음 동그랗게 볼을 빚는다.

3 멸치 다시마 육수가 끓으면 2의 참치볼을 넣는다. 참치볼이 속까지 완전히 익도록 약불에서 끓이면서 조선간장을 넣고 맛을 보고 부족한 간은 소금으로 맞춘다.

4 그릇에 1과 3을 담고 파를 조금 곁들인다.

tip
멸치 다시마 육수 만드는 법은 p019를 참고한다.

019

양배추 닭국수

ingredients

소면 70g
닭고기 안심 60g
(물 1+1/2컵, 청주 1작은술)
양배추 80g
멸치 다시마 육수 1컵
소금 조금

양념

양조간장 1작은술
다진 마늘 1작은술
소금, 후추 조금
참기름 1작은술
통깨 조금
잘게 썬 쪽파 조금

recipe

1 면은 끓는 물에 삶아 찬물에 헹구고 체에 받쳐 물기를 뺀다.

2 양배추는 한 입 크기로 자른다.

3 냄비에 물, 닭고기, 청주를 넣고 끓이다 닭고기가 거의 다 익어가면 2를 넣어 익힌다.

4 3의 닭고기와 양배추를 건져 닭고기는 먹기 좋은 크기로 썰고 양배추와 함께 분량의 양념을 넣고 잘 버무린다.

5 3의 남은 국물에 멸치 다시마 육수를 붓고 한소끔 끓이며 소금을 조금 넣는다.

6 1을 그릇에 담아 5를 붓고 4를 올린다.

tip
멸치 다시마 육수 만드는 법은 p019를 참고한다.

어묵탕 국수

020

ingredients

중면 70g
멸치 다시마 육수 2+1/2컵
(양조간장, 청주, 맛술 각각
1큰술씩)
모듬 어묵 100g (꼬지 4개)
우엉 30g
쑥갓 작은 한 줌
대파 조금

recipe

1 면은 끓는 물에 삶아 찬물에 헹구고 체에 받쳐 물기를 뺀다.

2 어묵은 끓는 물을 한 번 끼얹어 기름기를 제거하고 꼬지에 끼운다. 우엉은 껍질을 벗기고 돌려가며 얇고 어슷하게 썬 다음 갈변을 막기 위해 찬물에 잠시 담가둔다. 쑥갓과 대파는 짤막하게 자르고 대파는 꼬지에 끼운다.

3 멸치 다시마 육수에 양조간장, 맛술, 청주를 넣고 끓이면서 먼저 우엉을 넣고 어묵과 대파를 넣어 충분히 익힌다.

4 그릇에 1과 3을 담고 쑥갓을 올린다.

tip
멸치 다시마 육수 만드는 법은 p019를 참고한다.

021

황태 김치 콩나물 국수

ingredients

소면 80g

황태 20g

배추김치 30g

콩나물 한 줌

참기름 1/2큰술

물 3컵

새우젓 1작은술

다진 마늘 1작은술

쪽파 조금

고춧가루 조금

recipe

1 면은 끓는 물에 삶아 찬물에 헹구고 체에 받쳐 물기를 뺀다.

2 황태는 흐르는 물에 살짝 씻고 물기를 짠다. 콩나물은 머리와 꼬리를 자른다. 배추김치는 속을 털어내고 채를 썬다.

3 냄비에 참기름을 두르고 황태를 볶다가 물을 부어 국물이 뽀얗게 우러나도록 푹 끓인다.

4 3에 콩나물을 넣고 뚜껑을 덮어 익힌 다음 김치와 새우젓, 다진 마늘을 넣어 한소끔 끓인다.

5 그릇에 1을 담고 4를 부어 담고 쪽파를 잘게 썰어 올리고 고춧가루를 조금 뿌린다.

두부 무순 국수

022

ingredients

소면 80g
두부 150g
무순 작은 한 줌
멸치 다시마 육수 2+1/2컵
소금 조금

마늘기름 간장

마늘 2쪽
올리브오일 1작은술
참기름 1작은술
조선간장 1/2큰술

recipe

1 면은 끓는 물에 삶아 찬물에 헹구고 체에 받쳐 물기를 뺀다.

2 두부는 큼직하게 자르고 마늘은 작게 썬다.

3 마늘기름 간장은 약불에서 팬에 올리브오일과 마늘을 넣고 향이 나게 볶다가 참기름을 넣고 살짝 볶다가 불을 끄고 조선 간장을 넣고 잘 섞어 만든다.

4 멸치 다시마 육수가 끓으면 두부를 넣고 소금 한 꼬집 정도 넣어 두부를 완전히 익히고 무순을 넣고 살짝 익혀 불을 끈다.

5 그릇에 1과 4를 담고 3을 곁들인다.

tip
멸치 다시마 육수 만드는 법은 p019를 참고한다.

Part

2

달콤하고 매콤하게
비벼 먹는 국수

023

돌나물 비빔국수

ingredients

소면 70g
(소금 조금, 참기름 1작은술)
돌나물 50g
사과 1/4개

비빔 양념장

고추장 1큰술
양조간장 1작은술
매실청 1큰술
다진 마늘 1/2작은술
식초 1/2큰술
참기름 2작은술
통깨 조금

recipe

_1_ 면은 끓는 물에 삶아 찬물에 헹구고 체에 받쳐 물기를 제거하고 소금과 참기름으로 버무린다.

_2_ 돌나물은 물기를 완전히 제거하고 사과는 씨 부분을 잘라내고 껍질째 얇게 썬다.

_3_ 비빔 양념장은 분량의 재료를 잘 섞어 만든다.

_4_ 그릇에 1을 담고 2와 3을 같이 잘 버무려 위에 올리거나 1, 2, 3을 다 함께 버무려 그릇에 담아낸다.

두릅나물 비빔국수

ingredients

메밀국수 70g
두릅 70g(굵은 소금 조금)
조선간장 1/2큰술
소금 조금
들기름 2작은술
통깨 적당량

recipe

1 메밀국수는 넉넉한 양의 끓는 물에 삶아 찬물에 충분히 헹궈 전분기를 없애고 체에 받쳐 물기를 뺀다.

2 두릅은 뿌리 부분을 자르고 밑동에 남아 있는 껍질을 벗기고 잔가시도 제거한다. 고루 데쳐지도록 밑동에 살짝 칼집을 넣고 끓는 물에 소금을 조금 넣어 약 1분 정도 데치고 찬물에 담갔다 건져 물기를 꼭 짠다.

3 1과 2를 조선간장, 소금으로 간하고 들기름과 통깨를 갈아 뿌리고 살살 섞어 그릇에 담는다.

tip
메밀국수 끓이는 법은 제품 설명서를 참고한다.

025

애호박 비빔국수

ingredients

소면 80g
애호박 1/2개
식용유 적당량
들기름 1큰술
깻가루 적당량

양념장

양조간장 1큰술
소금, 후추 조금
다진 마늘 2/3작은술
다진 파 1작은술

recipe

1 면은 끓는 물에 삶아 찬물에 헹구고 체에 받쳐 물기를 뺀다.

2 애호박은 물기를 닦고 4mm 정도 두께로 썰어 팬에 식용유를 두르고 앞뒤로 뒤집어 굽는다.

3 분량의 재료를 섞어 만든 양념장에 1과 2를 살살 버무려 잘 섞는다.

4 3에 들기름과 깻가루를 뿌리고 살짝 버무려 그릇에 담는다.

견과류 된장 비빔국수

ingredients

중면 80g
양배추, 오이 작은 한 줌
쑥갓, 당근, 상추 조금

견과류 된장 비빔장

견과류(아몬드, 호두, 잣) 25g
멸치 다시마 육수 1/4컵
된장 1/2큰술
양조간장 1큰술
다진 마늘 1작은술
참기름 1/2큰술
통깨 1큰술

recipe

<u>1</u> 면은 끓는 물에 삶아 찬물에 헹구고 체에 받쳐 물기를 뺀다.

<u>2</u> 양배추, 오이, 당근은 가늘게 채 썰고 쑥갓은 짤막하게 자르고
상추는 작게 찢는다.

<u>3</u> 견과류 된장 비빔장은 분량의 모든 재료를 블렌더에 곱게 갈
아 만든다.

<u>4</u> 1과 2를 접시에 담고 3을 적당량 넣어 비벼 먹는다.

메밀국수 두부무침

ingredients

메밀국수 50g
두부 150g
당근 조금
쑥갓 데친 것 30g

양념

조선간장 1/2작은술
소금 1/3작은술
쪽파 1/2큰술
참기름 1/2큰술
통깨 조금

recipe

1   메밀국수는 끓는 물에 삶아 찬물에 헹구고 체에 받쳐 물기를
    뺀다.

2   쑥갓은 메밀 국수를 삶아 건지기 1분 전에 넣어 데쳐서 찬물
    에 헹구고 물기 꼭 짜서 먹기 좋은 길이로 썬다. 당근은 가늘
    게 채를 썬다.

3   두부는 키친타월에 싸서 무거운 것으로 10분 정도 눌러 물기
    를 완전히 빼고 곱게 으깬다.

4   1, 2, 3을 함께 섞고 분량의 양념을 넣어 잘 버무린다.

028

꼬막 비빔국수

ingredients

소면 80g
삶은 꼬막살 100g
깻잎 3장
구운 김 1/2장

___

비빔 양념장

꼬막 삶은 물 2큰술
양조간장 1큰술
고춧가루 1작은술
다진 마늘 1작은술
잘게 썬 쪽파 1/2큰술
소금, 후추 조금
참기름 1/2큰술
통깨 조금

recipe

1 면은 끓는 물에 삶아 찬물에 헹구고 체에 받쳐 물기를 뺀다.

2 꼬막은 꼼꼼하게 문질러 씻고 소금물에 30분 정도 담가 해 감하고 씻어 냄비에 충분히 잠길 정도의 물을 붓고 삶는다. 이때 주걱을 한쪽 방향으로만 저어가며 끓여 입이 벌어지면 불을 끄고 뚜껑을 덮어 예열로 완전히 익히고 건져 살을 발 라낸다.

3 깻잎은 가늘게 채를 썰고 김은 구워서 비벼 부수어 가루를 만 든다.

4 비빔 양념장은 분량의 재료를 잘 섞어 만든다.

5 1과 2에 4를 부어 잘 섞고 접시에 담아 3을 곁들인다.

029

닭튀김 국수

ingredients

중면 70g

닭고기 120g

가지 1/2개

꽈리고추 3개

녹말가루 적당량

튀김 기름 적당량

양념

양조간장 1/2큰술

청주 1/2큰술

생강즙 1/2큰술

파 양념장

양조간장 1큰술

고춧가루 1/2작은술

다진 마늘 1작은술

식초 1큰술

설탕 1작은술

잘게 썬 쪽파 1큰술

참기름 1/2큰술

간 무 2큰술

recipe

1 면은 끓는 물에 삶아 찬물에 헹구고 체에 받쳐 물기를 뺀다.

2 닭고기는 한 입 크기로 썰어 분량의 양념 재료에 1시간 정도 재운다.

3 가지는 큼직하게 4등분한다.

4 파 양념장은 무를 강판에 갈고 나머지 분량의 재료를 함께 잘 섞어 만든다.

5 2의 닭고기는 키친타월에 올려 여분의 국물을 제거하고 녹말가루를 입히고 가지와 꽈리고추는 물기를 없애고 녹말가루를 입힌다. 튀기기 직전에 여분의 녹말가루를 털어내고 170도 온도의 튀김 기름에서 튀긴다.

6 그릇에 면을 담고 튀긴 닭고기와 가지, 꽈리고추를 올리고 파 양념장을 뿌린다.

030

가지튀김 국수

ingredients

메밀국수 70g
가지 1개
꽈리고추 3개
튀김 기름 적당량

간 무 양념장

간 무 3큰술
양조간장 1+1/2큰술
식초 1큰술
간 생강 1작은술
붉은 고추 조금
맛술 1/2큰술
참기름 1작은술
잘게 썬 쪽파 1/2큰술
통깨 조금

recipe

1 메밀국수는 끓는 물에 삶아 찬물에 헹구고 체에 받쳐 물기를 뺀다.

2 무는 껍질을 벗겨 강판에 갈고 붉은 고추는 잘게 썰고 나머지 분량의 재료를 잘 섞어 간 무 양념장을 만든다.

3 가지와 꽈리고추는 물기를 완전히 제거하고 꽈리고추는 그대로, 가지는 길게 반을 잘라 각각 3등분하고 껍질쪽에 어슷하게 살짝 칼집을 넣는다. 180도 온도의 기름에서 1분 정도 튀기고 키친타월에 올려 기름을 뺀다.

4 1을 그릇에 담고 3을 올리고 2의 양념장을 끼얹는다.
　　*1, 2, 3을 따로 담아 찍어 먹기도 한다.

031

돼지고기 양배추비빔면

ingredients

중면 50g
돼지고기 불고깃감 120g
식용유 1작은술
양배추 70g
상추, 치커리, 깻잎 작은 한
줌씩
붉은 고추 1/2개
소금, 후추 조금

양념

양조간장 1큰술
청주 1/2큰술
다진 마늘 1작은술
생강즙 1작은술
설탕 1작은술
참기름 1작은술
후추 조금
다진 쪽파 1/2큰술

recipe

1 면은 끓는 물에 삶아 찬물에 헹구고 체에 받쳐 물기를 뺀다.

2 돼지고기는 분량의 양념 재료에 버무려 재운다.

3 양배추와 붉은 고추는 가늘게 채 썰고 쌈 채소는 먹기 좋은 크기로 자른다.

4 팬에 식용유를 두르고 2를 볶아 따로 덜어 둔다.

5 돼지고기를 볶았던 팬에 남아있는 양념에 1과 3을 담고 소금, 후추를 조금씩 뿌려 잘 섞는다.

6 접시에 4와 5를 같이 버무려 담는다.

032

골뱅이구이 비빔면

ingredients

소면 80g
통조림 골뱅이 10개
식용유 1큰술
녹말가루 2/3큰술
소금, 후추 조금
오이, 쌈 채소 적당량

비빔 양념장

간 양파 1큰술
양조간장 1작은술
고추장 2작은술
고춧가루 2작은술
설탕 2작은술
다진 마늘 1/2작은술
식초 2작은술
참기름 2작은술
통깨 조금

recipe

_1_ 면은 끓는 물에 삶아 찬물에 헹구고 체에 받쳐 물기를 뺀다.

_2_ 비빔 양념장은 분량의 재료를 잘 섞어 만든다.

_3_ 오이는 길이로 반을 썰고 길게 어슷썰기 하고 쌈 채소는 씻어서 물기를 제거한다.

_4_ 골뱅이는 녹말가루를 입혀 팬에 식용유 두르고 구우면서 소금, 후추를 조금씩 뿌린다.

_5_ 1을 2의 비빔장으로 잘 비벼 그릇에 담고 4를 올리고 3을 곁들인다.

tip
비빔 양념장은 냉면이나 쫄면 등 매콤한 국수의 비빔장으로도 사용한다.

국수호박 토마토 비빔면

033

ingredients

삶은 국수호박 120g
토마토 1개
바질 잎 3장

드레싱

소금 1/2작은술
후추 조금
레몬즙 1큰술
다진 마늘 1/2작은술
엑스트라 버진 올리브오일
1+1/2큰술

recipe

1   삶은 국수호박은 체에 받쳐 물기를 뺀다.

2   토마토는 칼집을 살짝 넣어 끓는 물에 데치고 찬물에 담가 껍질을 벗기고 잘게 썬다. 바질 잎도 잘게 썬다.

3   드레싱은 분량의 재료를 다 함께 잘 섞어 만든다.

4   1, 2, 3을 함께 잘 버무린다.

tip

국수호박 삶는 법은 p041을 참고한다.

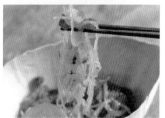

무 명란젓 비빔국수

034

ingredients

소면 80g

무 130g

소금 1/3작은술

명란젓 1/2개

삶은 달걀 1개

통깨 조금

양념

양조간장 1/2작은술

고춧가루 1/3작은술

다진 마늘 1/2작은술

참기름 1작은술

잘게 썬 쪽파 1작은술

recipe

1 면은 끓는 물에 삶아 찬물에 헹구고 체에 받쳐 물기를 뺀다.

2 껍질 벗기고 채를 썬 무에 소금을 뿌리고 잠깐 절이는데 두 세 번 손으로 주물러 빨리 숨을 죽이고 물기를 짠다. 명란젓은 속만 긁어 사용한다.

3 양념은 분량의 재료를 잘 섞어 만들고 2를 넣어 살살 섞는다.

4 그릇에 1을 담고 3을 올려 삶은 달걀을 곁들이고 통깨를 뿌린다.

국수 김말이

ingredients

소면 50g
달걀 2개
당근 30g
김 1+1/2장
소금, 후추 조금
참기름 적당량
식용유 적당량

recipe

1   면은 끓는 물에 삶아 찬물에 헹구고 체에 받쳐 물기를 빼고 소금을 조금 넣어 간한다.

2   작은 사각 팬에 참기름을 두르고 1을 고르게 펴서 얹고 앞뒤로 뒤집어 잘 굽는다.

3   달걀은 소금을 조금 넣고 잘 풀어 사각 팬에 식용유를 조금 두르고 지단 (2~3장)을 부쳐 가늘게 채 썬다. 당근은 껍질을 벗기고 가늘게 채 썰어 팬에 식용유를 조금 두르고 소금, 후추를 뿌려 볶는다.

4   김 1장과 1/2장을 조금 겹치게 깔아 2를 얹고 그 위에 3의 지단과 당근 볶음을 섞어 올리고 돌돌 말아 한 입 크기로 썬다.

036

메밀국수 김말이

ingredients

메밀국수 80g

김 1장

소고기 구이용 120g

(소금, 후추 조금

올리브오일 1큰술)

쌈 채소 5장

풋고추 1개

영양부추 조금

_____

드레싱

간 양파 1~2큰술

양조간장 1+1/2큰술

다진 마늘 1작은술

레몬즙 1작은술

후추 조금

참기름 1작은술

통깨 조금

recipe

1 메밀국수는 끓는 물에 삶아 찬물에 헹구고 김발 위에 가지런히 펴서 얹는다. 물기가 완전히 빠지면 김 위에 얹어 돌돌 말아 한 입 크기로 썬다.

2 드레싱은 양파를 강판에 갈고 나머지 분량의 재료를 잘 섞어 만든다. 기호에 따라 설탕을 조금 추가한다.

3 소고기는 키친타월로 핏물을 제거하고 한 입 크기로 썰어 소금, 후추, 올리브오일로 마리네이드한다. 센 불에서 팬을 달궈 소고기를 앞뒤로 뒤집어 재빨리 구우면서 풋고추도 반으로 잘라 함께 살짝 굽는다.

4 그릇에 1, 3, 먹기 좋은 크기로 자른 쌈 채소와 영양부추를 담고 2를 곁들인다.

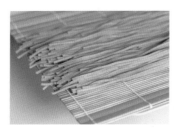

037

연어 아보카도 비빔국수

ingredients

칼국수 70g
완숙 아보카도 1/2개
(소금 조금)
연어 횟감 120g
아보카도, 새싹, 루꼴라,
딜, 양파 각각 조금씩
통깨 조금

양념장

고추장 1/2작은술
양조간장 1큰술
맛술 1/2큰술
다진 마늘 1/2작은술
잘게 썬 쪽파 1/2작은술
참기름 1작은술

recipe

1   면은 끓는 물에 삶아 찬물에 헹구고 체에 받쳐 물기를 뺀다.

2   아보카도는 씨와 껍질을 제거하고 으깨서 소금을 조금 뿌려 1과 같이 잘 섞는다.

3   연어는 물기를 닦고 작게 썰어 분량의 재료를 잘 섞어 만든 양념장을 적당량 넣고 버무린다.

4   그릇에 2, 3을 담고 작게 썬 아보카도와 다진 양파를 뿌리고 루꼴라, 새싹, 딜을 조금씩 곁들이고 통깨를 뿌린다.

국수 부침개

ingredients

소면 60g

오징어 80g

채소(양파, 부추, 붉은 고추,

팽이버섯) 80g

부침가루 2~3큰술

물 1큰술

소금 1/2작은술

다진 마늘 1작은술

참기름, 식용유 동량으로

적당량

recipe

1   면은 끓는 물에 삶아서 찬물에 헹구고 체에 받쳐 물기를 완전히 빼고 다른 재료와 섞기 편하게 적당히 자른다.

2   손질한 오징어는 물기를 닦아 작게 썰고 채소들은 오징어보다 작게 썬다.

3   1과 2에 소금, 다진 마늘을 넣고 섞은 다음 부침가루와 물을 넣고 잘 버무린다.

4   참기름과 식용유를 섞어 팬에 두르고 3을 조금씩 떠서 동그랗고 작게 부치거나 크게 한 장으로 굽기도 한다. 타지 않고 속에 오징어가 충분히 익도록 약한 중불에서 앞뒤로 뒤집어 노릇노릇하게 굽고 기호에 따라 초간장을 곁들여도 좋다.

039

명란젓 감태 해초국수

ingredients

해초국수 130g
명란젓 2+1/2큰술
다진 마늘 1/2작은술
청주 1/2큰술
식용유 1작은술
양념 구운 감태(시판용) 2장
들기름 1큰술

recipe

1 해초국수는 씻어서 체에 받쳐 물기를 뺀다.

2 명란젓은 속만 긁어 사용한다. 명란젓에 다진 마늘, 청주를 넣고 잘 섞은 다음 팬에 식용유를 두르고 볶는데 튀기 쉬우므로 약불에서 재빨리 볶아 불을 끄고 예열로 익힌다.

3 그릇에 1을 담고 양념 구운 감태를 먹기 좋게 찢어 올리고 2를 뿌린다.

4 먹을 때 들기름을 뿌려 비벼 먹는다.

tip
해초국수 끓이는 법은 제품 설명서를 참고한다.

조갯살 해초국수 비빔면

ingredients

해초국수 130g
조갯살(냉동 자숙 재첩살)
1/2컵
식용유 1큰술
소금 조금
다진 마늘 1작은술
무 30g
당근 조금

양념장

양조간장 1큰술
식초 1큰술
다진 쪽파 1큰술
참기름 1/2큰술

recipe

1 해초국수는 씻어서 체에 받쳐 물기를 뺀다. 조갯살은 미리 해동을 시킨다.

2 무와 당근은 껍질을 벗기고 가늘게 채를 썬다.

3 팬에 식용유를 두르고 조갯살은 볶으면서 소금을 조금 뿌리고 다진 마늘을 넣어 바짝 볶아 따로 덜어둔다.

4 3의 팬에 그대로 분량의 양념장 재료를 다 넣고 살짝 끓여 불을 끄고 식힌다.

5 4에 해초국수와 2, 3을 넣고 잘 버무려 그릇에 담는다.

tip

냉동 자숙 재첩살을 다른 조갯살로 대체해도 된다.
냉동 자숙 재첩살 보관법은 p045를 참고한다.

041

오징어젓갈 다시마면

ingredients

다시마면 130g(소금 조금)
오징어젓갈 2큰술
양념 구운 감태 2장
들기름 1큰술
통깨 조금

___

양념

다진 마늘 1/2작은술
잘게 썬 쪽파 2작은술
맛술 1작은술

recipe

1 다시마면은 씻어서 체에 받쳐 물기를 빼고 소금을 조금 넣어 간한다.

2 오징어젓갈은 잘게 잘라 분량의 양념 재료를 넣고 잘 섞는다.

3 양념 구운 감태를 작게 찢어 1과 섞어 작은 덩어리로 만든다.

4 2와 3을 접시에 담고 들기름과 통깨를 갈아 뿌린다. 3에 2를 조금씩 얹어 먹거나 다 같이 섞어 비벼 먹는다.

칼국수 채소 무침면

ingredients

칼국수 70g
쌈 채소(쑥갓, 상추, 겨자채)
두 줌
오이 조금
마늘 2쪽
올리브오일 1큰술
소금 조금
참기름 1/2큰술

양념

양조간장 1큰술
고춧가루 1작은술
잘게 썬 쪽파 1작은술

recipe

1 면은 끓는 물에 삶아 찬물에 헹구고 체에 받쳐 물기를 뺀다.

2 쌈 채소는 물기를 완전히 털고 먹기 좋은 크기로 찢는다. 오이 는 굵은 소금으로 비벼 씻고 반으로 갈라 얇고 어슷하게 썬다. 마늘은 얇게 편으로 썬다.

3 약불에서 팬에 올리브오일을 두르고 마늘을 노릇하게 구워 따로 덜어낸다. 그 팬에 그대로 분량의 양념 재료를 모두 넣고 잘 저어가며 살짝 끓여 식힌다.

4 3에 1을 넣어 잘 섞은 다음 쌈 채소, 오이, 구운 마늘을 넣어 살 살 버무려 맛을 보고 필요하면 소금을 추가해서 버무리고 참 기름을 뿌려 마무리한다.

043

고추 간장 양념장 비빔국수

ingredients

중면 80g

양배추, 상추, 쑥갓,

양상추, 오이, 당근 등

각종 채소 조금씩

고추 간장 양념장 적당량

참기름 또는 들기름 적당량

recipe

1   면은 끓는 물에 삶아 찬물에 헹구고 체에 받쳐 물기를 뺀다.

2   각종 채소는 가늘게 채를 썬다.

3   1과 2에 고추 간장 양념장과 참기름 또는 들기름을 기호에 맞게 넣고 비벼 먹는다.

tip

고추 간장 양념장

풋고추 4개, 붉은 고추 조금, 부추 1큰술, 쪽파 1큰술, 양조간장 4큰술, 다진 마늘 1/2작은술, 고춧가루 1작은술, 참기름 1큰술, 통깨 조금

1. 풋고추, 붉은 고추는 씨를 빼고 부추, 쪽파와 같이 잘게 썬다.

2. 1에 나머지 재료를 다 넣고 잘 섞어 고추 간장 양념장을 만든다.

Part

3

색다른 맛을 즐기고 싶을 때
우동과 쌀국수

044

돼지고기 숙주 우동

ingredients

우동 숙면 1개 210g
대패 삼겹살 80g
숙주 한 줌
마늘 3쪽
물 1/4컵
청주 1큰술
소금 1/3작은술
후추 조금

부추 양념장

부추 2줄기
양조간장 1큰술
고춧가루 1/2작은술
식초 1작은술
참기름 1/2큰술

recipe

1 면은 끓는 물에 덩어리가 풀어질 정도만 살짝 데치고 건져 체에 받쳐 물기를 뺀다.

2 돼지고기는 한 입 크기로 썰고 숙주는 머리와 꼬리를 자른다. 마늘은 얇게 편으로 썬다.

3 부추는 잘게 썰고 나머지 분량의 재료를 잘 섞어 부추 양념장을 만든다.

4 작은 팬에 1을 깔고 그 위에 2를 얹고 물, 청주를 붓고 소금, 후추를 뿌려 불에 올려 끓어오르면 불을 줄이고 뚜껑을 덮어 8분 정도 가열한다.

5 4에 3을 조금씩 곁들여가며 잘 섞어 버무려 먹는다.

045

명란젓 볶음우동

ingredients

우동 숙면 1개 210g
참기름 1큰술
명란젓 1/2개
대파 적당량

양념

멸치 다시마 육수 3큰술
양조간장 1/2큰술
청주 1큰술

recipe

1   면은 끓는 물에 살짝 데치고 체에 받쳐 물기를 뺀다.

2   명란젓은 속만 긁어 내어 분량의 양념 재료와 같이 잘 섞는다.

3   대파는 가늘게 채를 썬다. 대파가 매울 때는 잠깐 찬물에 담갔다 건져 물기를 뺀다.

4   팬에 참기름을 두르고 1을 전체적으로 기름이 돌게 볶다가 2를 넣고 약불에서 잠깐 볶는다.

5   그릇에 4를 담고 3을 곁들인다.

유부 우동

ingredients

우동 숙면 1개 210g

우동 국물 2컵

유부 조림 3개

파 조금

recipe

1   우동 국물이 끓으면 면을 넣고 잘 저어 면을 풀고 불을 조금 줄여 2분 정도 푹 끓인다.

2   1을 그릇에 담고 유부조림을 올리고 파를 썰어 얹는다.

tip

일본식 유부조림

다시 1컵, 설탕 1큰술, 양조간장 2작은술, 청주 1작은술, 유부 사방 5cm 6장

1.   유부는 끓는 물을 한 번 끼얹어 기름기를 제거하고 사용한다.

2.   다시에 설탕, 양조간장, 청주를 넣고 불에 올려 끓기 시작하면 1을 넣고 약불에서 국물이 거의 없어질 때까지 천천히 졸인다.

    *다시 만드는 법은 p123을 참고한다.

우동 국물

ingredients

물 4컵(2인분 분량)
가쓰오부시(가다랑어포) 20g
다시마 사방 5cm 1장
양조간장 2+1/2큰술
맛술 2큰술

recipe

<u>1</u> 냄비에 물, 가쓰오부시, 다시마를 담아 센 불에 올려 끓기
시작하면 불을 약하게 줄여 5분 정도 끓이고 불을 끈다.

<u>2</u> 체에 면보나 키친페이퍼를 깔고 1을 걸러 다시(일본 육수)를
준비해둔다.

<u>3</u> 2를 냄비에 붓고 불에 올린다.

<u>4</u> 3이 끓기 시작하면 양조간장과 맛술을 넣어 한소끔 끓이고
불을 끈다.

tip

달걀찜, 카레국수, 조림 반찬, 어묵탕을 만들 때 물이나 육수 대신 사용하면 일본 요리의
맛을 느낄 수 있다.

047

미역 달걀 우동

ingredients

우동 숙면 1개 210g
우동 국물 2컵
물에 불린 미역 작은 한 줌
달걀 1개
전분물
(전분가루 1/2큰술+물 1큰술)
쪽파 조금

recipe

1 마른 미역은 미리 물에 불리고 물기를 꼭 짠다. 달걀은 잘 풀어둔다.

2 우동 국물이 끓으면 면을 넣고 잘 저어 면을 풀고 불린 미역도 넣고 끓인다.

3 면과 미역이 부드럽게 익으면 먼저 전분물을 조금씩 흘려넣고 저어가며 걸쭉하게 농도를 조절하고 달걀을 고루 붓고 전체적으로 잘 저어 살짝 익히고 불을 끈다.

4 3을 그릇에 담고 쪽파를 잘게 썰어 넣는다.

tip

우동 국물 만드는 법은 p123을 참고한다.

튀김 메밀국수

048

ingredients

메밀국수 70g
우동 국물 2컵

쑥 튀김

쑥 한 줌
튀김가루 조금
탄산수 2큰술
튀김가루 시판용 2큰술
튀김 기름 적당량

recipe

1 면을 끓는 물에 삶아 찬물에 헹구고 체에 받쳐 물기를 뺀다.

2 쑥은 깨끗이 씻어 물기를 제거한다.

3 분량의 튀김가루와 탄산수는 가루가 안 보일 정도로 섞는다.

4 2에 튀김 가루를 가볍게 입히고 3에 담갔다 건져 튀김 기름에
      튀긴다.

5 1을 그릇에 담고 뜨겁게 끓인 우동 국물을 붓고 4를 얹는다.

tip
우동 국물 만드는 법은 p123을 참고한다.

049

김치 볶음우동

ingredients

우동 숙면 1개 210g
배추김치 1/2컵
소시지 적당량
김칫국물 1큰술
올리브오일 1+1/2큰술
대파 조금
다진 마늘 1작은술
후추 조금
달걀 프라이 1개

recipe

<u>1</u> 면은 끓는 물에 살짝 데치고 체에 받쳐 물기를 뺀다.

<u>2</u> 김치는 속을 털어내고 한 입 크기로 썰고 소시지는 얇게 어슷하게 썬다.

<u>3</u> 팬에 올리브오일, 다진 마늘, 채 썬 대파를 넣고 향이 나게 볶다가 소시지를 넣고 볶으면서 김치도 넣어 전체적으로 기름기가 돌게 볶는다.

<u>4</u> 3에 1을 넣고 김칫국물을 뿌려 잘 어우러지게 볶고 후추를 뿌려 마무리한다. 그릇에 담고 달걀프라이를 곁들인다.

tip

달걀프라이 맛있게 만드는 법

1. 약한 중불에 팬을 올리고 식용유를 두른다.
2. 달걀은 깨서 직접 팬에 얹어 굽기보다는 먼저 작은 용기에 달걀을 깨서 담고 팬으로 옮겨 살짝 부어 얹는다.
3. 팬 뚜껑을 덮어 찌듯이 굽는다. 소금, 후추를 뿌릴 때는 마지막에 한다.

*기호에 따라 불 세기와 시간을 조절한다.

채소 볶음우동

ingredients

우동 숙면 1개 210g

시금치 1줄기

양파 1/4개

표고버섯 1개

파프리카 1/2개

당근 조금

쪽파 1줄기

식용유 1큰술

달걀 2개

소금, 후추 조금

식용유 1큰술

참기름 1작은술

양조간장 1작은술

양념

소금, 후추 조금

양조간장 1작은술

recipe

1 면은 끓는 물에 살짝 데치고 체에 받쳐 물기를 뺀다.

2 시금치는 짤막하게 자르고 양파는 굵게 채 썰고 표고버섯과 파프리카는 작은 한 입 크기로 썰고 당근은 채로 썰고 쪽파는 어슷하게 썬다.

3 팬에 식용유 두르고 2를 단단한 순서대로 넣어 소금, 후추를 뿌리고 숨이 조금 죽을 정도로 볶다가 1도 넣고 양조간장 뿌려 잘 어우러지게 볶는다.

4 달걀을 풀어 소금, 후추를 넣고 잘 섞은 다음 뜨겁게 달군 팬에 식용유를 두르고 달걀을 부어 재빨리 저어가며 반숙으로 익힌다.

5 접시에 3을 담고 그 위에 4를 얹고 참기름과 양조간장을 섞어 적당량 뿌린다.

051

순두부 새우 들깨 우동

ingredients

우동 숙면 1개 210g
순두부 150g
새우 5마리
(소금 조금, 청주 1큰술)
식용유 1큰술
다진 마늘 1작은술
두반장 1작은술
물 3/4컵
소금 조금
대파 조금
들깨가루 2~3큰술
참기름 조금

recipe

1 면은 끓는 물에 2분 정도 부드럽고 쫄깃하게 삶아 체에 받쳐 물기를 뺀다.

2 새우는 머리와 껍질을 제거하고 등에 길게 칼집을 넣어 내장을 빼내고 소금, 청주를 뿌린다.

3 팬에 식용유와 다진 마늘을 넣고 향이 나게 볶으면서 두반장을 넣고 볶다가 매운 향이 올라오면 2를 넣고 볶는다.

4 3의 새우가 거의 익으면 물을 붓고 순두부를 큼직하게 잘라 넣고 소금으로 간한다. 순두부가 다 익어가면 들깨가루를 넣고 대파를 굵게 썰어 넣고 한소끔 끓이고 참기름을 두른다.

5 그릇에 1을 담고 4를 얹는다.

052

닭고기 카레 우동

ingredients

우동 숙면 150g
닭고기 80g(소금, 후추 조금)
양파 1/2개
시금치 40g
식용유 1큰술
물 1+1/2컵
다진 마늘 1/2큰술
고형 카레 30g
삶은 달걀 1개

recipe

1 면은 끓는 물에 살짝 데치고 체에 받쳐 물기를 뺀다.

2 닭고기는 한 입 크기로 썰어 소금, 후추를 조금씩 뿌려 30분 정도 재운다. 양파는 굵게 채를 썰고 시금치는 먹기 좋은 길이로 자른다.

3 팬에 식용유를 두르고 닭고기를 굽다가 겉이 하얗게 익으면 양파를 넣고 볶는다.

4 3에 물을 붓고 끓이면서 다진 마늘과 카레를 넣고 불을 약하게 줄여 잘 저어가며 카레를 녹이고 시금치를 넣는다.

5 4에 1을 넣고 잘 어우러지도록 잠깐 끓이고 삶은 달걀을 곁들인다.

아시안 쌀국수 샐러드

ingredients

쌀국수(보통 굵기) 50g
새우 5마리(소금 조금)
오이 1/3개
자색 양파 1/5개
래디시 1개
고수 적당량
땅콩 조금

_____

소스

새우 삶은 물 1/4컵
피시소스 1큰술
레몬즙 1큰술
다진 마늘 1/2작은술
설탕 1큰술
소금 조금
잘게 썬 페페론치노 1개

recipe

1 쌀국수는 끓는 물에 삶아 찬물에 헹구고 체에 받쳐 물기를 뺀다.

2 새우는 깨끗이 씻어 머리와 내장은 제거하고 끓는 물에 소금을 조금 넣고 삶은 다음 껍질을 벗긴다. 새우 삶은 물은 소스를 만들기 위해 조금 남겨둔다.

3 오이는 필러를 이용해 얇고 길게 슬라이스하고 자색 양파는 가늘게 채를 썬다. 래디시는 동그란 모양 그대로 얇게 썬다. 고수는 씻어서 물기를 제거한다.

4 소스는 새우 삶은 물을 식혀서 분량의 나머지 재료를 잘 섞어 만든 다음 맛을 보고 필요하면 소금으로 간한다.

5 1, 2, 3을 섞어서 그릇에 담고 4의 소스를 뿌리고 땅콩은 다져서 뿌린다.

tip
쌀국수 끓이는 법은 제품 설명서를 참고한다.

054

소고기볶음 쌀국수

ingredients

쌀국수(가는 굵기) 50g
소고기볶음 적당량
고수 적당량
레몬 조금

소스

물 3큰술
설탕 1큰술
피시소스 1큰술
레몬즙 1큰술
다진 마늘 1작은술
잘게 썬 페페론치노 1개

recipe

1 쌀국수는 끓는 물에 삶아 찬물에 헹구고 체에 받쳐 물기를 뺀다.

2 소스는 분량의 재료를 잘 섞어 만든다.

3 고수는 씻어서 물기를 털고 적당한 크기로 자른다.

4 그릇에 1을 담고 레몬 슬라이스를 얹고 소고기볶음과 고수, 소스를 곁들인다.

tip
쌀국수에 곁들이는 소고기볶음

소고기 불고깃감 200g, 식용유 1작은술, 양념(양조간장 1작은술, 설탕 1작은술, 다진 마늘 1작은술, 레몬즙 1작은술, 다진 페페론치노 1개, 후추 조금)

1. 소고기는 키친타월로 핏물을 제거한다.

2. 분량의 양념 재료를 잘 섞고 1을 넣고 버무려 잠시 재운다.

3. 센 불에서 팬을 달궈 식용유 두르고 2를 재빨리 바짝 볶는다.

055

바지락찜 쌀국수

ingredients

쌀국수(보통 굵기) 70g

바지락 12개

식용유 1큰술

다진 마늘 1작은술

붉은 고추 1/2개

물 1+1/2컵

청주 1큰술

양조간장 1큰술

후추 조금

고수 적당량

recipe

1 바지락은 미리 해감하고 깨끗이 씻는다. 쌀국수는 물에 담가 부드럽게 불린다.

2 고수는 짤막하게 썰고 붉은 고추는 씨를 제거하고 잘게 썬다.

3 약불에서 팬에 식용유, 다진 마늘, 붉은 고추를 넣어 향이 나게 볶다가 바지락을 넣고 물과 청주를 붓고 뚜껑을 덮어 끓인다.

4 바지락 입이 벌어질 정도로 익으면 양조간장을 넣고 불린 쌀국수를 넣어 잠깐 끓이고 후추를 뿌려 마무리한다.

5 4를 그릇에 담고 고수를 곁들인다.

tip

쌀국수 끓이는 법은 제품 설명서를 참고한다.

056

오징어 쌀국수

ingredients

쌀국수(보통 굵기) 70g
오징어 1/2마리
새우 육수 2+1/2컵
식용유 1큰술
다진 마늘 1/2큰술
고춧가루 1/2큰술
양파 1/2개
당근 조금
고추장 1큰술
소금, 후추 조금
쪽파 조금

recipe

1 쌀국수는 물에 담가 부드럽게 불리고 체에 받쳐 물기를 뺀다.

2 오징어는 내장, 빨판, 껍질을 제거한 뒤 씻어서 물기를 닦고 비스듬히 가로세로 칼집을 살짝 넣어 한 입 크기로 자른다. 양파는 굵게 채를 썰고 당근은 가늘게 채를 썬다.

3 냄비에 식용유, 다진 마늘, 고춧가루를 넣고 향이 나게 볶는다. 양파와 당근을 넣고 숨이 죽을 정도로 볶다가 오징어를 넣어 잠깐 볶고 새우 육수를 붓는다.

4 3이 끓어오르면 고추장을 넣고 1을 넣어 2분 정도 끓이면서 맛을 보고 기호에 맞게 소금으로 간한다. 그릇에 담아 쪽파 잘게 썰어 얹고 후추를 뿌린다.

tip

만능 새우 육수(새우 손질하고 남는 머리와 껍질로 만드는 법)

새우 머리와 껍질 12마리 분량, 식용유 2큰술, 물 6컵, 청주 5큰술, 소금 1작은술

1. 새우 머리와 껍질을 씻어서 물기를 닦고 식용유 두른 팬에서 볶는데 단단한 주걱으로 으깨 가며 볶는다.

2. 1이 충분히 볶아지면 물과 청주를 부어 끓이면서 소금을 넣는다. 진한 국물이 우러나게 푹 끓이고 체에 걸러 국물만 육수로 사용한다.

057

타이 볶음 쌀국수

ingredients

쌀국수(넓은 면) 80g
쭈꾸미(적은 크기) 2마리
(소금, 밀가루 조금)
마른 꽃새우 1큰술
채소(양파 1/4개, 숙주
100g, 파프리카 조금,
영양부추 조금)
고수 조금
라임 1/4개
식용유 1큰술
다진 마늘 1작은술
청주 1큰술
땅콩 조금

양념

피시소스 1큰술
칠리소스 1/2큰술
양조간장 1작은술
설탕 1/2큰술

recipe

1   쌀국수는 물에 담가 부드럽게 불린다.

2   쭈꾸미는 씻어서 머리 옆부분을 자르고 뒤집어 내장, 눈, 입을
    제거한다. 소금과 밀가루를 뿌려 세게 주물러 여러 번 물에 헹
    궈 불순물을 제거하고 물기를 닦아 먹기 좋은 크기로 자른다.

3   숙주는 머리와 꼬리를 자르고 양파와 파프리카는 채를 썰고
    영양부추는 짤막하게 자른다.

4   팬에 식용유와 다진 마늘을 넣고 볶아 향을 내고 쭈꾸미와 꽃
    새우를 넣고 청주를 뿌려 볶는다. 쭈꾸미가 거의 익으면 1을
    넣고 분량의 양념 재료를 다 섞어 넣고 볶는다.

5   4가 잘 어우러지게 볶아지면 양파, 숙주, 파프리카, 영양부추
    를 넣고 섞는 정도로만 잠깐 볶고 불을 끈다.

6   5를 그릇에 담고 고수를 곁들이고 라임을 짜서 뿌리고 땅콩은
    다져서 뿌린다.

tip
쌀국수 끓이는 법은 제품 설명서를 참고한다.

Part

4

시원하고 상큼한
냉국수와 볶음국수

058

토마토 오이 냉국수

ingredients

소면 70g
오이 1개(굵은 소금 조금)
방울토마토 7개
다시마 육수 1+1/2컵

양념

양조간장 1작은술
조선간장 1작은술
다진 마늘 1작은술
잘게 썬 쪽파 1작은술
식초 1+1/2큰술
소금 1/2작은술

recipe

1 면은 끓는 물에 삶아 찬물에 헹구고 체에 받쳐 물기를 뺀다.

2 오이는 굵은 소금으로 비벼 씻고 강판에 간다. 방울토마토는 칼집을 살짝 넣어 끓는 물에 잠깐 데치고 찬물에 담가 껍질을 벗기고 반으로 자른다.

3 다시마 육수에 분량의 양념 재료를 다 넣고 잘 섞은 다음 2를 넣는다.
*육수를 냉장고에 잠시 넣어 차게 하면 더 맛있다.

4 1과 3을 그릇에 담는다.

tip
다시마 육수 만드는 법은 p019를 참고한다.

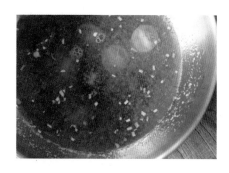

059

명이나물 장아찌 국수

ingredients

메밀국수 100g
명이나물 장아찌 7장
장아찌 국물 1/4컵
물 1컵
무(갈은 것) 3큰술
설탕, 식초 조금

recipe

1 면은 끓는 물에 삶아 찬물에 헹구고 체에 받쳐 물기를 뺀다.

2 명이나물 장아찌는 먹기 좋은 크기로 자르거나 그대로 사용
한다. 장아찌 국물과 물을 섞는다. 무는 껍질을 벗기고 강판에
간다.

3 그릇에 1을 담아 2의 국물을 붓고 명이나물 장아찌와 간 무를
얹는다. 국물 맛을 보고 필요하면 기호에 따라 설탕과 식초를
추가한다.

tip

명이나물 장아찌

명이나물(산마늘) 500g, 물 2컵, 사방 5cm 다시마 2장, 양념(양조간장 1+1/2컵,
식초 1+1/2컵, 설탕 1컵, 청주 1컵)

1. 명이나물은 흐르는 물에 꼼꼼히 씻어 물기를 완전히 제거한다.

2. 물에 먼저 다시마를 30분 담가 두었다 양조간장, 설탕, 식초를 넣고 불에 올린다.

3. 2가 끓어오르면 다시마는 건지고 설탕이 녹을 정도로 잠깐 끓이고 식혀 청주를 넣
   는다.

4. 용기에 1을 담아 3을 붓고 명이
   나물 숨이 죽도록 무거운 것을
   올려둔다.

060

가지국수

ingredients

소면 80g
가지 1개
멸치 다시마 육수 1+1/2컵
식용유 적당량
무순 조금
쪽파 적당량

양념

양조간장 1큰술
조선간장 1작은술
식초 2/3큰술
맛술 1작은술
청주 1작은술
다진 마늘 1/2작은술
잘게 썬 붉은 청양고추 조금

recipe

1. 면은 끓는 물에 삶아 찬물에 헹구고 체에 받쳐 물기를 뺀다.

2. 멸치 다시마 육수에 분량의 양념 재료를 다 넣고 한소끔 끓여 식힌다.

3. 가지는 물기를 닦아 얇고 동그랗게 썬다. 팬에 식용유를 조금 넉넉히 부어 가지를 튀기듯 구운 다음 키친타월에 올려 여분의 기름기를 제거한다.

4. 무순은 흐르는 물에 씻어 물기를 털고 쪽파는 흰 부분을 가늘게 채를 썬다.

5. 그릇에 1을 담고 2를 붓고 3, 4를 올린다.

tip
멸치 다시마 육수 만드는 법은 p019를 참고한다.

061

샐러드 두부면

ingredients

두부면 1개 100g
오이 1/3개
방울토마토 5개
삶은 옥수수 또는 옥수수 통
조림 3큰술
새싹 작은 한 줌
불린 미역 작은 한 줌

드레싱

양조간장 1큰술
식초 1큰술
다진 마늘 1/2작은술
잘게 썬 쪽파 1/2큰술
참기름 1큰술
통깨 조금

recipe

1 두부면은 끓는 물에 살짝 데쳐 체에 받쳐 식히며 물기를 뺀다.

2 마른 미역은 미리 물에 담가 부드럽게 불리고 물기를 꼭 짠다. 오이는 굵은 소금에 비벼 씻고 물기를 닦아 가늘게 채를 썬다. 옥수수는 물기를 제거하고 새싹은 씻어 물기를 털어낸다.

3 드레싱은 분량의 재료를 잘 섞어 만든 다음 방울토마토를 잘게 썰어 넣고 잘 섞는다.

4 그릇에 1을 담고 2를 올리고 3의 드레싱을 뿌린다.

오이지 당근 냉국수

062

ingredients

소면 70g
오이지 2/3개
다시마 육수 2컵
당근 40g
소금 조금

양념

조선간장 1작은술
식초 1큰술
다진 마늘 1/2작은술
매실청 2~3작은술
잘게 썬 쪽파 조금
잘게 썬 붉은 고추 조금

recipe

1 면을 끓는 물에 삶아 찬물에 헹구고 체에 받쳐 물기를 뺀다.

2 오이지는 흐르는 물에 살짝 씻고 작게 썰어 먼저 다시마 육수
   에 넣어 1시간 정도 둔다.

3 당근은 껍질을 벗겨 길고 가늘게 채를 썬다.

4 2에 분량의 양념 재료를 다 넣고 섞어 맛을 보고 싱거우면 소
   금으로 간한다. 냉장고에 넣어 차게 한다.

5 그릇에 1과 3을 섞어서 담고 4를 붓는다.

tip
다시마 육수 만드는 법은 p019를 참고한다.

063

일본식 메밀국수

ingredients

메밀국수 100g

메밀국수 장국(쓰유) 적당량

무 50g

무순 조금

깻잎 3장

구운 김 조금

쪽파 조금

간 생강 조금

와사비 조금

recipe

1   면은 삶아서 찬물에 헹구고 체에 받쳐 물기를 뺀다.

2   무는 껍질을 벗겨 가늘게 채를 썰고 무순은 흐르는 물에 씻어 물기를 턴다.

3   깻잎은 채를 썰고, 김은 구워서 가늘게 채를 썰고, 생강은 강판에 갈고, 쪽파는 잘게 썬다.

4   1과 2를 함께 섞어 그릇에 담고 장국(쓰유), 각각의 고명은 따로 곁들인다.

5   메밀국수용 장국(쓰유)에 생강과 와사비 쪽파를 기호에 맞게 넣어 섞는다. 면을 한 입 분량씩 쓰유에 살짝 담갔다 먹는다. 깻잎과 김도 곁들여 먹어도 좋다.

tip

일본식 메밀국수용 장국(쓰유)

물 1+1/4컵, 가쓰오부시(가다랑어포) 10g, 양조간장 1/4컵, 맛술 1/4컵

1. 분량의 재료를 냄비에 담아 불에 올려 끓어오르면 약불로 줄여 5분 정도 끓인다.

2. 1을 체에 받쳐 거르고 장국만 식혀 냉장고에 넣어 차게 만든다. 우동 장국(쓰유)은 메밀국수 장국과 같은 분량과 조리법에 설탕을 2작은술 추가해서 만든다.

메밀국수 구이

삶은 메밀국수 100g
(소금, 올리브오일 조금)
팽이버섯 작은 한 줌
(소금, 후추, 올리브오일 조금)
베이컨 1장
달걀 1개
피자치즈 적당량
파르메산 치즈 조금
후추 조금

recipe

1 팽이버섯은 씻어서 밑동을 자르고 물기 털고 팬에 올리브
오일을 두르고 잠깐 볶으면서 소금, 후추로 간한다. 베이컨
은 3등분하고 팬에서 바짝 굽는다. 달걀은 팬에 식용유를 조
금 두르고 반숙으로 굽는다.

2 삶은 메밀국수는 소금을 조금 넣고 잘 섞는다.

3 팬에 올리브오일을 두르고 2를 동그랗게 펼쳐 얹고 앞뒤로 굽
는데 한 면을 굽고 뒤집었을 때 그 위에 1을 다 얹고 피자치즈
를 얹어 치즈가 녹을 때까지 굽는다.

4 3을 접시에 담고 파르메산 치즈와 후추를 뿌린다.

tip
팬에 올리브오일을 두르고 삶은 메밀국수를 동그랗게 펼쳐 얹고 가열하지 않은 팽이
버섯과 베이컨, 달걀, 피자치즈를 얹고 그냥 앞뒤로 뒤집어 굽는 방법도 있다.

064

소고기 고추 볶음면

ingredients

중면 80g

볶음용 소고기 80g

(소금, 후추 조금

밀가루 1작은술)

꽈리고추 5개

참기름 1큰술

토마토, 쌈 채소 적당량

양념장

양조간장 1큰술

청주 1큰술

설탕 1작은술

다진 마늘 1작은술

물 1큰술

굴소스 2/3작은술

잘게 썬 쪽파 1큰술

recipe

1 면은 끓는 물에 삶아서 찬물에 헹구고 체에 받쳐 물기를 뺀다.
   * 삶은 면을 잠깐 다시 볶기 때문에 평소의 삶는 시간보다 1분 정도 짧게 삶는다.

2 소고기는 키친타월로 핏물을 제거하고 소금, 후추를 조금 뿌려 간하고 밀가루를 입힌다. 꽈리고추는 볶을 때 간이 잘 배이게 몇 군데 칼집을 넣는다.

3 팬에 참기름을 두르고 소고기를 볶다가 꽈리고추도 넣고 볶는다.

4 3의 소고기가 다 익으면 1도 함께 넣고 분량의 재료를 잘 섞어 만든 양념장을 뿌려 잘 어우러지게 볶는다.

5 그릇에 4를 담고 토마토와 쌈 채소를 먹기 좋은 크기로 썰어 곁들인다.

065

잡채 국수

ingredients

소면 50g(양조간장 1작은술,
설탕 1작은술)

볶음용 소고기 60g

시금치 2줄기

양파 1/4개

건 표고버섯 1개

목이버섯 조금

당근 조금

달걀 1개(소금 조금, 식용유
조금)

소금, 후추 조금

참기름 1/2큰술

통깨 조금

양념

양조간장 1작은술

설탕 1작은술

청주 1작은술

맛술 1작은술

다진 마늘 1작은술

후추 조금

참기름 1작은술

recipe

1   면은 끓는 물에 삶아 찬물에 헹구고 체에 받쳐 물기를 빼고 양
    조간장과 설탕에 버무린다.

2   소고기는 키친타월로 핏물을 제거하고 채를 썰어 분량의 양
    념에 버무린다.

3   건 표고버섯과 목이버섯은 물에 부드럽게 불려 표고버섯은
    채를 썰고 목이버섯은 작게 찢는다. 양파와 당근은 채를 썰고
    시금치는 짤막하게 자른다.

4   달걀은 풀어서 소금을 조금 넣고 잘 섞은 다음 팬에 식용유를
    조금 두르고 지단을 부쳐 가늘게 채를 썬다.

5   팬을 달궈 먼저 2를 볶다가 핏기가 사라지면 표고버섯, 목이
    버섯, 양파, 당근, 시금치 순서대로 넣어 볶으면서 소금, 후추
    로 간한다.

6   1, 4, 5를 살살 섞은 다음 참기름, 통깨를 넣고 잘 버무려 그릇
    에 담는다.

066

바지락 시금치 두부면

ingredients

얇은 두부면 100g

시금치 30g

바지락(큰 크기) 10개

올리브오일 1큰술

다진 마늘 1/2큰술

청주 1큰술

물 1컵

소금 조금

recipe

1   바지락은 미리 해감을 하고 깨끗이 씻는다. 두부면은 씻어서 체에 받쳐 물기를 뺀다. 시금치는 다듬어 씻고 물기를 없앤다.

2   팬에 올리브오일과 다진 마늘을 넣고 향이 나게 볶다가 바지락을 넣고 청주를 뿌려 뚜껑 덮어 익힌다.

3   2의 바지락이 입이 벌어질 정도로 익으면 두부면을 넣고 물을 부어 끓이다 맛을 보고 소금으로 간한다.

4   3에 시금치를 넣고 숨이 죽을 정도로 익혀 불을 끄고 그릇에 담는다.

바지락 달래 칼국수볶음

ingredients

칼국수 100g
바지락(큰 크기) 12개
청주 1큰술
달래 7줄기
참기름 1큰술
다진 마늘 1작은술
양조간장 2/3큰술
후추 조금

recipe

1   바지락은 미리 해감하고 깨끗이 씻는다. 달래는 꼼꼼히 씻어서 물기를 털고 반을 자른다.

2   면은 끓는 물에 5분 정도 삶아 찬물에 헹구고 체에 받쳐 물기를 뺀다.

3   팬에 참기름과 다진 마늘을 넣고 향이 나게 볶다가 바지락을 넣고 청주를 뿌리고 뚜껑을 덮어 익힌다.

4   바지락이 입이 벌어질 정도로 익으면 2를 넣고 함께 볶으면서 양조간장, 후추를 뿌려 양념하고 달래를 넣어 살짝 볶아 마무리한다.

068

양배추 브로콜리 볶음 칼국수

ingredients

칼국수 70g
양배추 100g
브로콜리 80g
볶음용 멸치 3큰술
올리브오일 2큰술
다진 마늘 1/2큰술
붉은 고추(잘게 썬 것) 1작은술
소금 1/3작은술
후추 조금

recipe

1   양배추와 브로콜리는 먹기 좋은 한 입 크기로 자른다.

2   냄비에 물을 넉넉히 붓고 면을 5분 정도 삶는데 2분 정도를 남기고 양배추와 브로콜리를 넣어 함께 삶아 찬물에 헹구고 체에 받쳐 물기를 뺀다. 면수를 조금 남겨 볶을 때 사용한다.

3   팬에 먼저 멸치를 넣고 비린내 제거를 위해 바짝 볶다가 올리브오일과 다진 마늘을 넣어 향이 나게 볶는다.

4   3에 2의 면과 채소, 면수를 조금 붓고 센 불에서 소금, 후추를 뿌려 볶는다.

닭고기 볶음국수

ingredients

중면 70g
닭고기 150g
식용유 1+1/2큰술
양파 1/2개
붉은 고추 1작은술
대파 1작은술
영양부추 조금

양념

양조간장 1큰술
청주 1작은술
다진 마늘 1작은술
후추 조금

recipe

1 면은 끓는 물에 보통 삶는 시간보다 1분 짧게 삶아 찬물에 헹구고 체에 받쳐 물기를 뺀다.

2 닭고기는 한 입 크기로 잘라 분량의 양념에 버무려둔다.

3 양파는 보통 굵기로 채를 썰고 대파와 붉은 고추는 잘게 썬다.

4 팬에 식용유를 1큰술 두르고 대파와 붉은 고추를 향이 나게 볶다가 양파와 2를 넣고 볶는다.

5 4의 닭고기가 거의 익으면 팬 한쪽으로 밀어두고 팬 빈 곳에 식용유 1/2큰술을 두르고 1을 넣고 잠깐 볶다가 닭고기와 같이 잘 섞어 살짝 볶는다.

6 접시에 5를 담고 영양부추를 곁들인다.

Part

5

맛과 영양을 더한
인스턴트 라면

070

가지조림 라면

ingredients

인스턴트 라면(순한 맛) 1개
가지 1개
식용유 1큰술
다진 마늘 1작은술
물 1컵
전분물
(전분 1작은술+물 2작은술)
쪽파 적당량
고춧가루, 후추 조금
삶은 달걀 1개

recipe

1 가지는 굵게 채로 썬 다음 작게 자른다.

2 팬에 식용유와 다진 마늘을 넣고 향이 나게 볶다가 1을 넣고 전체적으로 기름기 돌게 볶는다.

3 2에 물과 라면 분말수프를 넣고 끓이면서 전분물을 부어 약간 걸쭉하게 농도를 조절하고 불을 끈다.

4 면을 끓는 물에 삶아 건져 물기를 빼 그릇에 담고 3을 부어 얹는다. 쪽파를 썰어 얹고 기호에 따라 고춧가루, 후추를 뿌리고 삶은 달걀을 곁들인다.

토마토 라면

ingredients

인스턴트 라면(매운 맛) 1개
토마토 통조림 1컵
물 2컵
토마토 1개
베이컨 조금
마늘 3쪽
올리브오일 조금
후추 조금

recipe

1 마늘은 편으로 썰고 베이컨은 가늘게 채를 썰어 팬에 올리브 오일을 조금 두르고 바짝 볶는다.

2 토마토 통조림은 주걱으로 으깨거나 믹서에 갈아 물과 함께 섞는다.

3 냄비에 2를 붓고 불에 올려 끓으면 라면의 분말수프를 넣고 끓이면서 면과 토마토도 넣어 끓인다.

4 그릇에 3을 담고 1을 얹어 후추를 뿌린다.

072

쟁반 짜장

ingredients

인스턴트 짜장 라면 1개
대파, 풋고추, 양파, 붉은 고
추, 부추 각각 조금씩
(소금 조금)
식용유 1큰술
오이 1/2개
메추리알 5개
(식용유 조금)

recipe

1   풋고추, 대파, 양파, 붉은 고추는 채를 썰고 부추는 먹기 좋은 길이로 썬다.

2   팬에 식용유를 두르고 1을 센 불에서 소금을 뿌려 재빨리 볶아낸다.

3   오이는 가늘게 채를 썰고 메추리알은 팬에 식용유를 조금 두르고 프라이를 한다.

4   끓는 물에 면을 넣어 삶다가 거의 익어가면 물을 조금만 남기고 따라 버린다. 짜장 분말수프와 유성수프를 넣고 잘 저어가며 잠깐 끓이고 불을 끈다.

5   그릇에 4와 2를 잘 버무려 담고 3을 곁들인다.

청경채 새우 라면

ingredients

인스턴트 라면(순한 맛) 1개

청경채 2줄기

목이버섯 조금

냉동 새우살 50g

(소금, 후추 조금, 청주 1작은술, 녹말가루 1작은술)

식용유 1큰술

물 3컵

다진 마늘 1작은술

후추 조금

recipe

1 목이버섯은 물에 담가 부드럽게 불려 먹기 좋은 크기로 자른다. 청경채의 밑동은 자르고 큰 잎은 반으로 자른다.

2 냉동 새우살은 물기를 닦고 작게 썰어 소금, 후추, 청주로 간하고 녹말가루를 입힌다.

3 냄비에 식용유를 두르고 2를 볶다가 청경채 줄기부터 넣어 볶고 잎과 목이버섯을 넣어 전체적으로 기름기가 돌게 살짝 볶는다.

4 3에 물과 라면의 분말수프를 넣고 끓어오르면 면과 다진 마늘을 넣고 끓여 그릇에 담아 후추를 뿌린다.

074

양상추 새우 라면

ingredients

인스턴트 라면(매운 맛) 1개
양상추 1/4개
새우 3마리 (소금, 후추 조금,
청주 1작은술)
식용유 1큰술
물 3컵
다진 마늘 1작은술
쪽파 조금
고춧가루 조금

recipe

1 새우는 머리와 껍질을 제거하고 등을 갈라 내장을 제거하고
   소금, 후추, 청주로 간한다.

2 양상추는 큼직하게 찢는다.

3 팬에 식용유를 두르고 1을 볶다가 물과 라면의 분말수프를 넣
   는다. 끓어오르면 면과 다진 마늘을 넣고 마지막에 2를 넣어
   숨이 죽을 정도로 끓이고 불을 끈다.

4 그릇에 3을 담고 잘게 썬 쪽파와 고춧가루를 뿌린다.

돼지고기 숙주 라면

ingredients

인스턴트 라면(된장 맛) 1개
다진 돼지고기 100g
(소금 조금)
숙주 한 줌
양파 1/4개
당근 조금
대파 조금
참기름 1/2큰술
물 2+1/2컵
다진 마늘 1/2큰술
고춧가루 1작은술
후추 조금

recipe

_1_   숙주는 머리와 꼬리를 자르고 양파, 당근, 대파는 채를 썬다.

_2_   냄비에 참기름을 두르고 돼지고기를 볶으면서 소금을 조금 넣어 간하고 색이 하얗게 변하면 양파, 당근, 숙주, 대파를 넣어 살짝 볶는다.

_3_   2에 물을 붓고 라면의 분말수프와 다진 마늘, 고춧가루를 넣어 한소끔 끓인다.

_4_   끓는 물에서 면을 삶아 건져 물기를 빼고 그릇에 담아 3을 붓고 후추를 뿌린다.

076

청경채 멸치 마늘 라면

ingredients

인스턴트 라면(매운 맛) 1개
청경채 2줄기
마늘 2쪽
멸치 중간 크기 7마리
소금 조금
청주 1큰술
식용유 1큰술

recipe

1 멸치는 반으로 갈라 머리와 내장을 제거하고 빈 팬에서 바짝 볶아 비린내를 없앤다.

2 청경채는 밑동을 4등분해서 길게 썰고 마늘은 작게 썬다.

3 팬에 식용유와 마늘을 넣고 향이 나게 볶다가 멸치, 청경채를 넣고 소금, 청주를 뿌려 볶는다.

4 라면을 제품 설명서대로 끓여 그릇에 담고 3을 얹는다.

077

바지락 배추 라면

ingredients

인스턴트 라면(매운 맛) 1개
바지락 10개
배추 크게 한 줌
청주 1큰술
물 3컵
쪽파 조금
고춧가루 조금

recipe

_1_ 바지락은 해감하고 깨끗이 씻는다. 배추는 한 입 크기로 썬다.

_2_ 끓는 물에 라면의 분말수프, 바지락, 청주를 넣고 끓이다 바지락이 입을 벌리면 건져서 따로 둔다.

_3_ 2의 끓는 국물에 면을 넣고 제품 설명서의 시간 대로 삶다가 배추를 넣는다. 면이 거의 익어가면 바지락을 다시 넣고 한소끔 끓이고 불을 끈다.

_4_ 그릇에 3을 담고 쪽파를 잘게 썰어 얹고 고춧가루를 뿌린다.

옥수수 치즈 라면

ingredients

인스턴트 라면(순한 맛) 1개
물 3컵
된장 1작은술
고추장 1작은술
다진 마늘 1작은술
삶은 옥수수
또는 옥수수 통조림 1/2컵
버터 10g
후추 조금
슬라이스 치즈 1장

recipe

1 팬에 버터를 녹이고 물기를 제거한 옥수수를 볶으면서 후추를 뿌린다.

2 물이 끓으면 분말수프를 1/2분량만 넣고 된장, 고추장을 넣는다.

3 2에 면을 넣고 제품 설명서의 시간대로 끓이면서 다진 마늘을 넣는다.

4 그릇에 3을 담고 1과 슬라이스 치즈를 얹는다.

079

오징어 라면 튀김 샐러드

ingredients

인스턴트 라면 1/2개
오징어 150g
(우유, 밀가루 적당량)
튀김 기름 적당량
소금 조금
레몬 조금
이탈리안파슬리 조금

드레싱

잘게 썬 이탈리안 파슬리
1큰술
잘게 썬 오이 2큰술
다진 마늘 1작은술
식초 2큰술
소금, 후추 조금
홀그레인 머스터드 1작은술
엑스트라 버진 올리브오일
1/2큰술

recipe

1 오징어는 큼직하게 썰어 잠길 정도의 우유에 잠시 담가두었다 건져 밀가루를 꼼꼼하게 골고루 입힌다. 라면은 한 입 크기로 자른다.

2 튀김 기름에 라면을 튀기고 오징어는 꼬지에 끼워 튀기고 파슬리도 물기를 제거하고 살짝 튀긴다. 오징어 튀김에는 소금을 조금 뿌린다.

3 드레싱은 분량의 재료를 섞어 만든다. 맛을 보고 기호에 따라 설탕을 추가해도 좋다.

4 2를 그릇에 담고 레몬을 곁들인다. 먹을 때는 드레싱을 적당량 뿌리고 오징어 튀김에는 레몬도 짜서 뿌린다.

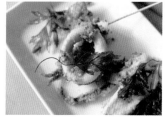

Part

6

특별한 날에는
파스타

080

단호박 수프 파스타

ingredients

펜네 50g

단호박 200g

감자 50g

양파 60g

버터 1큰술

물 1컵

치킨스톡(소) 1개

우유 1컵(소금 조금)

휘핑크림 1/4컵

파르메산 치즈 적당량

후추 조금

recipe

1 껍질 벗긴 단호박, 양파, 감자를 작게 썰어 냄비에 버터를 녹이고 숨이 죽을 정도로 볶는다.

2 1에 물과 치킨스톡을 넣고 푹 끓여 채소를 완전히 익힌 다음 주걱으로 으깨거나 블렌더로 곱게 간다.

3 2에 우유를 붓고 약한 불에서 잘 저어가며 잠깐 끓인 다음 소금으로 간하고 휘핑크림을 부어 한소끔 끓이고 불을 끈다.

4 펜네는 끓는 물에 소금을 조금 넣고 제품 설명서의 시간대로 삶아 건져 물기를 빼고 그릇에 담는다.

5 4에 3을 적당량 붓고 파르메산 치즈와 후추를 갈아 뿌린다.

무 초무침

무 300g
래디시 (빨간 무) 4개
당근 조금
소금 1/2큰술
설탕 1+1/2큰술
식초 2큰술

recipe

<u>1</u> 무와 당근은 껍질을 벗기고 가늘게 채를 썬다. 래디시는 동그
란 모양 그대로 가늘게 썬다.

<u>2</u> 1은 소금을 뿌려 살짝 절이는데 중간에 두 세 번 손으로 주물
러 빨리 숨이 죽게 한다.

<u>3</u> 절인 2를 꼭 짜서 물기를 없애고 분량의 설탕과 식초를 넣고
버무려 용기에 담아 냉장고에 두었다가 2~3일 후부터 먹기
시작한다. 설탕과 식초의 양은 기호에 맞게 조절해도 좋다.

tip
중간에 한 번씩 냉장고에서 꺼내 위아래로 뒤집어 섞어주면 간이 고르게 잘 배어 더
맛있게 먹을 수 있다.

배추 초절임

ingredients

배추 150g
당근 조금
소금 2/3작은술

양념

식초 2큰술
설탕 1작은술
다진 마늘 1작은술
말린 붉은 고추 잘게 썬 것
1/2작은술

recipe

1   배추는 한 입 크기로 썰고 당근은 껍질을 벗겨 가늘게 채를 썰어 소금에 절인다.

2   1이 살짝 숨이 죽을 정도로 절여지면 물기를 꼭 짠다.

3   분량의 재료를 잘 섞은 양념에 2를 넣고 버무린다.

tip

배추 초절임은 파스타 먹을 때 피클처럼, 면 요리에는 김치 대신 곁들이면 잘 어울린다.

081

연어구이 파스타

ingredients

페투치네 80g
(소금, 후추 조금, 엑스트라
버진 올리브오일 1/2큰술)
연어 구이용 150g
(소금, 후추 조금
올리브오일 1/2큰술)
딜 조금
라임 조금

_____

드레싱

토마토 1/2개
샬롯 1/2큰술
소금, 후추 조금
라임 1/4개
딜 1작은술
엑스트라 버진 올리브오일 1
큰술

recipe

1 토마토는 씨를 제거하고 잘게 썰고 샬롯은 다진다. 토마토와 샬롯에 소금, 후추를 뿌리고 라임은 즙을 짜서, 딜은 다져서 넣고 엑스트라 버진 올리브오일을 넣어 잘 섞어 드레싱을 만든다.

2 연어는 물기를 닦고 소금, 후추를 뿌려 잠시 두었다 팬에 올리브오일을 두르고 앞뒤로 뒤집어 잘 굽는다.

3 끓는 물에 소금을 조금 넣고 면을 제품 설명서의 시간대로 삶아 건진다. 면에 소금, 후추를 뿌려 잘 섞고 엑스트라 버진 올리브오일로 버무려 접시에 담는다.

4 3에 2를 얹고 1을 올려 딜을 작게 잘라 장식으로 얹는다.

082

파스타 오믈렛

ingredients

링귀니 70g

양파 1/4개

방울토마토 5개

가지 1/2개

줄기콩 5개

올리브오일 2큰술

다진 마늘 1작은술

소금, 후추 조금

달걀 1~2개

파르메산 치즈 적당량

recipe

1 양파는 가늘게 채를 썰고 방울토마토는 반으로 자르고 가지는 한 입 크기로 썬다.

2 면은 끓는 물에 소금을 조금 넣고 제품 설명서의 시간보다 1분 짧게 삶아 건진다. 줄기콩도 같이 넣어 살짝 데치고 건져 찬물에 헹구고 물기를 뺀다.

3 팬에 올리브오일을 두르고 먼저 양파를 숨이 죽을 정도로 볶은 다음 가지를 넣고 볶으면서 토마토와 줄기콩도 넣고 소금, 후추로 간하고 다진 마늘을 넣어 볶는다.

4 3에 면을 넣고 잘 어우러지게 볶는다.

5 달걀은 소금을 조금 넣고 잘 풀어 4 위에 고루 붓고 기호에 맞게 익힌다. 파르메산 치즈를 갈아 뿌리고 마무리한다.

083

소시지 파스타

ingredients

링귀니 60g

소시지 1개

아스파라거스 2개

미니 양배추 4개

토마토 1/2개

완두콩 1/2컵

버터 1큰술

다진 마늘 1/2큰술

화이트 와인 1큰술

소금, 후추 조금

면수 1/4컵

엑스트라 버진 올리브오일
1큰술

파르메산 치즈 적당량

recipe

1   소시지는 길게 한 번 칼집을 살짝 넣는다. 아스파라거스의 단단한 밑동은 자르고 다듬어 짤막하게 자른다. 미니 양배추는 반으로 자른다. 토마토는 4등분한다.

2   끓는 물에 소금을 조금 넣고 완두콩을 5분 정도 삶다가 미니 양배추, 아스파라거스도 같이 넣고 잠깐 데치고 건져 물기를 뺀다. 소시지도 끓는 물에 데쳐 짠맛을 조금 제거한다.

3   면은 짧게 잘라 끓는 물에 소금을 조금 넣고 제품 설명서의 시간보다 1분 짧게 삶아 건지고 면수는 조금 남긴다.

4   팬에 버터를 녹이고 다진 마늘을 넣어 향이 나게 볶다가 소시지를 넣어 구우면서 채소를 넣고 화이트 와인을 뿌려 볶는다.

5   4에 3의 면과 면수도 함께 넣고 소금, 후추를 뿌려 잘 어우러지게 볶는다. 그릇에 담아 엑스트라 버진 올리브오일 뿌리고 파르메산 치즈도 적당히 뿌린다.

084

버섯 현미 파스타

ingredients

현미 파스타 70g

표고버섯 2개

양송이버섯 2개

참치통조림 2큰술

올리브오일 1큰술

다진 양파 1큰술

다진 마늘 1작은술

소금 1/3작은술

물 2+1/2컵

새싹 조금

올리브 3개

파르메산 치즈 적당량

recipe

1   표고버섯, 양송이버섯, 양파는 잘게 썬다. 참치통조림은 기름 국물을 제거한다.

2   팬에 올리브오일과 다진 마늘을 넣고 향이 나게 볶다가 양파를 넣어 숨이 죽을 정도로 볶은 다음 버섯도 넣고 볶는다.

3   2에 물을 붓고 끓어오르면 현미 파스타를 넣고 끓이면서 참치통조림도 넣고 소금으로 간한다.

4   국물이 거의 졸아들고 현미 파스타가 말랑하게 익으면 후추를 갈아 뿌리고 그릇에 담아 새싹과 올리브를 곁들이고 파르메산 치즈를 갈아 뿌린다.

Plus

선드라이 토마토 올리브
마리네이드

ingredients

방울 토마토 15개
올리브 7개
로즈메리 조금
다진 마늘 1작은술
소금, 후추 조금
엑스트라 버진 올리브오일
2큰술

recipe

1 방울토마토는 물기를 닦고 반으로 잘라 에어프라이어 70도
에서 7시간 건조시킨다.

2 올리브는 물기를 닦고 로즈메리는 다진다.
*로즈메리는 기호에 맞춰 적당량 사용한다.

3 그릇에 1과 2, 소금, 후추, 다진 마늘을 넣고 잘 섞은 다음 엑스
트라 버진 올리브오일을 넣어 섞는다. 4~5시간 실온에 두었
다 먹는다.

tip
선드라이 토마토 올리브 마리네이드는 치즈나 크림이 들어간 파스타나 볶음국수와
곁들이면 좋다.

085

바지락 무 수프 파스타

ingredients

스파게티 80g

바지락(큰 크기) 12개

무 100g

올리브오일 2큰술

다진 마늘 1/2큰술

페페론치노 2개

물 2+1/2컵

청주 1큰술

양조간장 1작은술

소금, 후추 조금

recipe

1. 바지락은 미리 해감하고 깨끗이 씻어 물기를 뺀다. 무는 껍질을 벗기고 작은 정육면체로 썰고 페페론치노는 잘게 썬다.

2. 팬에 올리브오일, 다진 마늘, 페페론치노를 넣고 향이 나게 볶다가 무를 넣고 전체적으로 기름기가 돌게 볶아지면 물을 부어 끓이면서 바지락과 청주를 넣어 끓인다.

3. 면은 끓는 물에 소금을 조금 넣고 제품 설명서의 시간보다 1분 짧게 삶아 건진다.

4. 2에 3과 양조간장을 넣고 잠깐 끓여 후추를 뿌리고 그릇에 담는다.

tip

여름과 달리 겨울에는 바지락이 해감을 다 토해내지 않아 해감을 해도 염분기를 조금 품고 있다. 면을 삶을 때나 간을 할 때 소금 조절이 필요하다.

086

브로콜리 파스타

ingredients

펜네 80g
브로콜리 70g
올리브오일 2큰술
다진 마늘 1작은술
앤쵸비 7g
후추 조금
파르메산 치즈 2큰술
잣 조금

recipe

1   브로콜리는 흐르는 물에 꼼꼼히 씻은 다음 작은 송이로 자른다.

2   끓는 물에 펜네를 제품 설명서의 시간대로 삶으면서 마지막에 1도 넣어 잠깐 같이 삶는다. 삶은 브로콜리는 잘게 썰거나 다진다.

3   팬에 올리브오일과 다진 마늘을 넣고 향이 나게 볶다가 앤쵸비를 넣고 주걱으로 으깨가며 볶는다.

4   3에 브로콜리를 넣고 볶다가 펜네도 넣어 볶는다. 잣과 후추를 뿌리고 마무리한다.

tip
파스타 재료에 앤쵸비를 사용할 때는 염분기를 생각해서 파스타를 삶을 때 끓는 물에 소금을 넣지 않는다.

당근 현미 파스타

ingredients

현미 파스타 50g(엑스트라
버진 올리브오일 1작은술)
당근 80g
살구 1개
아몬드 적당량
루꼴라 조금

드레싱

소금 1/4작은술
후추 조금
다진 마늘 1/2작은술
홀그레인 머스터드 1작은술
식초 2작은술
레몬즙 1/2큰술
엑스트라 버진 올리브오일
1+1/2큰술

recipe

_1_ 현미 파스타는 끓는 물에 소금을 넣고 제품 설명서의 시간대
로 삶아 건져 물기를 뺀 다음 엑스트라 버진 올리브오일을 뿌
려 잘 섞는다.

_2_ 당근은 껍질을 벗기고 가늘게 채를 썬다. 살구는 반으로 갈라
씨를 빼고 10등분으로 자른다. 아몬드는 적당히 다진다.

_3_ 드레싱은 분량의 재료를 잘 섞어 만들고 1과 2를 넣어 잘 버
무려 그릇에 담고 루꼴라를 조금 곁들인다.

088

감자 파스타

ingredients

리가토니 60g

감자 2개

베이컨 20g

샬롯 1개

올리브오일 2큰술

다진 마늘 1작은술

소금, 후추 조금

면수 적당량

달걀 1개(올리브오일 조금)

recipe

1 감자는 껍질 벗겨 삶거나 간편하게 전자레인지에 약 4분 정도 가열해 큼직하게 썬다. 베이컨은 가늘게 채를 썰고 샬롯은 잘게 다진다. 달걀은 팬에 올리브오일 두르고 굽는다.

2 리가토니는 끓는 물에 소금을 조금 넣고 제품 설명서의 시간보다 1분 짧게 삶는다.

3 팬에 올리브오일과 다진 마늘을 넣고 향이 나게 볶다가 베이컨을 넣고 볶으면서 샬롯도 넣고 숨이 죽을 정도로 볶아지면 감자를 넣어 잠깐 볶는다.

4 3에 2를 넣고 면수와 소금을 조금 넣고 잘 어우러지게 볶아 후추를 갈아 뿌리고 그릇에 담아 달걀 프라이를 곁들인다.

089

애호박 파스타

ingredients

애호박 1개(200g)
올리브오일 1큰술
다진 마늘 1/2큰술
삶은 병아리콩 1/2컵
소금 1/3작은술
후추 조금
리코타 치즈 2큰술
파르메산 치즈 1큰술

recipe

1. 애호박은 채칼을 이용해 길게 보통 굵기로 채를 썬다.

2. 팬에 올리브오일과 다진 마늘을 넣고 향이 나게 볶다가 1을 넣고 소금, 후추로 간한다.

3. 2의 애호박이 거의 익어가면 삶은 병아리콩을 넣어 잘 어우러지게 볶고 불을 끈다.

4. 3에 분량의 리코타 치즈와 파르메산 치즈를 넣어 예열로 녹인다.

tip

병아리콩 삶는 법

1. 병아리콩은 씻어서 물에 담가 하룻밤 불린다.
2. 불린 다음 충분히 잠길 정도의 물에 소금을 조금 넣고 삶는다.
3. 20분 정도 삶다가 한 알 먹어보고 기호에 맞는 상태로 시간을 조절해서 삶는다.

090

버섯볶음 구운 파스타

ingredients

스파게티 100g

버섯볶음 적당량

피자치즈 70g

소금, 후추 조금

올리브오일 1큰술

파슬리 조금

푸른 채소, 과일, 올리브 조금

파르메산 치즈 적당량

recipe

1 면은 끓는 물에 소금을 조금 넣고 제품 설명서의 시간대로 삶는다. 파슬리는 잘게 다진다. 곁들이는 채소나 과일은 적당한 크기로 자른다.

2 삶은 면에 버섯볶음과 피자치즈, 소금, 후추, 다진 파슬리, 올리브오일을 넣고 잘 섞은 다음 종이 포일에 고르게 펼쳐 얹고 에어프라이어 또는 오븐에서 굽는다. *200도에서 7분

3 2를 적당한 크기로 자르고 파르메산 치즈를 갈아 뿌리고 푸른 채소나 올리브, 과일 등을 곁들인다.

tip

버섯볶음

표고버섯, 양송이버섯, 느타리버섯 250g, 올리브오일 3큰술, 다진 마늘 1큰술, 소금 1/3작은술, 후추 조금

1. 표고버섯은 기둥을 자르고 가늘게 채를 썰고 양송이버섯은 기둥을 자르고 껍질은 벗기고 4등분으로 자른다. 느타리버섯은 지저분한 밑동을 조금 잘라 버리고 가닥가닥 떼어낸다.

2. 팬에 올리브오일과 다진 마늘을 넣고 약불에서 향이 나게 볶다가 버섯을 넣고 센불에서 소금, 후추로 간하고 재빨리 볶아낸다.

집에서 만드는 쉽고 간단한 면 요리

한 그릇 면

1판 1쇄 인쇄 2021년 10월 20일
1판 1쇄 발행 2021년 10월 30일

지은이 배현경
펴낸이 김성구

주간 이동은
콘텐츠본부 고혁 송은하 김초록 김지용 이영민
제작 어찬
마케팅 송영우 윤다영
관리 박현주

펴낸곳 (주)샘터사
등록 2001년 10월 15일 제1－2923호
주소 서울시 종로구 창경궁로35길 26 2층 (03076)
전화 02-763-8965(콘텐츠본부) 02-763-8966(마케팅본부)
팩스 02-3672-1873 | 이메일 book@isamtoh.com | 홈페이지 www.isamtoh.com

ISBN 978-89-464-7389-8 13590

값은 뒤표지에 있습니다.
잘못 만들어진 책은 구입처에서 교환해드립니다.

샘터 1% 나눔실천
샘터는 모든 책 인세의 1%를 샘물통장 기금으로 조성하여 매년 소외된 이웃에게 기부하고 있습니다.
2020년까지 약 9,000만 원을 기부하였으며, 앞으로도 샘터는 책을 통해 1% 나눔실천을 계속할 것입니다.